À minha esposa
e a todos que contemplam
o universo.

Eu amo a noite com
paixão. Eu amo a noite
como a gente ama
a pátria, uma amante,
com um amor instintivo,
profundo, invencível.
Eu amo a noite com
todos os meus sentidos,
com meus olhos que a
veem, com meu olfato
que a respira, com meus
ouvidos que dela escutam
o silêncio, com toda
minha carne que as trevas
acariciam.

O dia me fadiga e me
entedia. Ele é brutal
e barulhento.

Levanto-me com esforço,
visto-me com lassidão,
saio com má vontade,
e cada passo, cada
movimento, cada gesto,
cada palavra, cada
pensamento me cansa
como se eu levantasse
um fardo esmagador.

Mas quando o Sol baixa,
uma alegria confusa,
uma alegria invade meu
corpo todo. Eu desperto,
eu me animo.
À medida que a sombra
aumenta, sinto-me
inteiramente outro, mais
jovem, mais forte,
mais alerta, mais feliz.

Guy de Maupassant,
A Noite.

Coleção Big Bang
Dirigida por Gita K. Guinsburg

© L'Iconoclaste, Paris, 2017. Tous droits réservés pour tous pays.

*Coordenação textual* Luiz Henrique Soares e Elen Durando
*Preparação* Marcio Honorio de Godoy
*Revisão* Rita Durando
*Capa e Adaptação de projeto* Sergio Kon
*Produção* Ricardo W. Neves e Sergio Kon.

CIP-Brasil. Catalogação na Publicação
Sindicato Nacional dos Editores de Livros, RJ

T418n
  Thuan, Trinh Xuan, 1948-
  Uma noite / Trinh Xuan Thuan ; [tradução Gita K. Guinsburg].
- 1. ed. - São Paulo : Perspectiva, 2021.
  256 p. : il. ; 24 cm. (Big Bang)

  Tradução de: *Une nuit*
  Inclui bibliografia
  ISBN 978-65-5505-072-1

  1. Astrofísica. 2. Astronomia - Miscelânea. 3. Cosmologia -
Miscelânea. I. Guinsburg, Gita K. II. Título. III. Série.

21-72842

           CDD: 523.01
           CDU: 52

Camila Donis Hartmann - Bibliotecária - CRB-7/6472
24/08/2021    27/08/2021

1ª edição.
Direitos reservados à

EDITORA PERSPECTIVA LTDA.

Rua Augusta, 2445, cj. 1
01413–100 São Paulo SP Brasil
Tel.: (11) 3885-8388
www.editoraperspectiva.com.br
2021

# TRINH XUAN THUAN

# uma noite

TRADUÇÃO: GITA K. GUINSBURG

# Sumário

## 1.
## Quando a Noite Cai

19   Além das Nuvens

22   Uma Noite Boa

25   A Luz nos Liga ao Universo

32   Luzes Invisíveis

33   Olhos Satelizados

34   Os Ocasos do Sol

38   Metamorfose de Cores

39   A Luz Azul

40   A Lua: Astro da Noite e Filha da Terra

46   Um Satélite Ideal

47   A Sutil Interação do Par Terra-Lua

50   As Marés

52   O Testemunho do Náutilo

59   A Noite em Pleno Dia

62   A Lua na Sombra da Terra

63   Vênus

68   Júpiter, Senhor dos Planetas

77   **A Noite É Também o Tempo dos Amantes**

# 2.
# No Coração da Noite

89 Espectro Luminoso

92 Zênite

95 As Linhas de Fogo no Céu

96 Chuva Celeste

97 Os Testemunhos Silenciosos

98 Reservas de Asteroides

101 Nuvem de Cometas

103 Cratera do Meteoro [Cratera de Barringer]

106 A Longa Noite Hibernal e o Desaparecimento dos Dinossauros

108 Colisões Contingentes

109 As Constelações, Calendários de Antanho

110 A Ursa Maior

113 Os Doze Signos do Zodíaco

115 Polaris, a Estrela do Norte

118 A Via Láctea

121 As Cores da Noite

125 Cones e Bastonetes

127 Pintar um Céu Estrelado

130 As Ameaças da Noite

133 O Barulho das Bombas

134 Iluminar a Noite

135 A Luz Artificial

138 Reservas de Céu Estrelado
142 Fauna e Flora Noturnas
146 O Silêncio da Noite
151 Todos Filhos das Estrelas
152 O Pêndulo de Foucault
153 Cada Parte Traz em Si o Todo
156 Nossa Felicidade Depende
da Felicidade dos Outros
159 A Impermanência do Mundo
161 Partículas e Neutrinos
164 Sabedoria Budista

**167 A Noite É Também o Tempo dos Medos**

# 3.
# O Fim da Noite

177 Por Que a Noite é Negra?
178 Kepler
180 O Destino do Universo
183 A Vasta Tela Cósmica
186 Crepes e Filamentos
189 O Fogo e o Gelo
193 O Inventário do Universo
194 A Matéria Escura
197 A Energia Escura
200 A Eterna Expansão
202 A Luz e as Trevas
204 Meditação Sobre o Planeta Azul
205 Os Marcianos
212 O Homem e o Universo em Estreita Simbiose
213 A Combinação Premiada
218 Somos Únicos no Universo?
219 O Ruído do Vento
220 Acaso ou Necessidade?
222 A Desarrazoada Eficácia do Homem
em Compreender o Mundo
226 Quando o Sol se Levanta

235 **A Noite É Também o Tempo dos Místicos**

244 Créditos iconográficos e de textos
246 Bibliografia
251 Agradecimentos

# Quando a Noite Cai

O céu, grande, pleno de esplêndido recato,
uma provisão de espaço, um excesso de mundo.
E nós, muito distantes para nos deixar modelar,
Muito próximos para dele nos desviar.

[Rainer Maria Rilke, *Poemas Para a Noite*.]

Estou na ilha do Havaí, no meio do Oceano Pacífico. A paisagem está longe de ser aquela dos cartões postais, das praias de areia fina e de palmeiras. O panorama, árido, desprovido de toda vegetação, é quase lunar: estamos no cume do vulcão adormecido Mauna Kea, um dos melhores lugares do mundo para observar o céu. A última erupção remonta a aproximadamente cinco mil anos. A 4.207 metros de altura e cerca de 40% acima da atmosfera terrestre, o céu é de uma pureza sem igual. O ar aí é seco e estável; não é poluído pela luminosidade artificial e outras impurezas da cidade.

Os astrônomos compreenderam isso muito bem. Vindos de onze países diferentes (entre os quais a França), eles ergueram treze telescópios no pico do vulcão. Encontram-se aí dois telescópios Keck, cujos espelhos com dez metros de diâmetro estão entre os maiores jamais construídos. A potência de um telescópio depende da quantidade de luz que pode coletar em um dado tempo: quanto maior o espelho, mais luz ele coleta. Mauna Kea é hoje um dos lugares mais altos da astronomia contemporânea, um dos mais ricos em termos de descobertas astrofísicas. E já se desenha no horizonte a construção de um telescópio ainda mais gigantesco, o TMT (Thirty Meter

Telescope), dotado de um espelho de trinta metros de diâmetro. Esse tamanho inédito lhe permitirá coletar a luz do cosmos nove vezes com mais eficácia do que o telescópio Keck, ver os objetos de luminosidade mais fraca e, portanto, mais afastados e, assim, recuar no tempo cerca de treze bilhões de anos, ou seja, até o primeiro bilhão de anos que se seguiram ao Big Bang. O TMT nos fará descobrir diretamente o nascimento das primeiras estrelas e galáxias.

Essa proliferação de telescópios no alto do Mauna Kea suscita a hostilidade das associações ecológicas locais em nome da salvaguarda do ambiente, da geologia e do habitat de certas espécies de insetos. E também em nome de certas crenças tradicionais: Mauna Kea é a residência de deuses (Kea é a abreviação de Wakea, o "deus do céu") e incorpora um lugar sagrado cujos acessos devem ser preservados. A ciência em nenhum caso deve usurpar a natureza. Mas os astrônomos pagam, ao seu modo, o tributo ao deus do céu: a observação do universo comporta uma dimensão profundamente espiritual.

Por um instante meu espírito está a mil léguas desses litígios. O Sol desce lentamente no horizonte em um céu de azul profundo.

## Além das Nuvens

NENHUM TRAÇO DE nuvem na vasta extensão de azul da abóboda celeste. O ar está calmo e tranquilo. Os deuses me proporcionaram um tempo bom, a noite de observação será boa. Tanto melhor, pois o périplo foi longo e árduo desde minha Universidade de Charlottesville, na Virgínia, até a ilha do Havaí: um dia inteiro dentro do avião, atravessando seis fusos horários e, uma vez chegando ao aeroporto, duas horas de carro até o centro de acolhimento que serve de dormitório aos astrônomos. Esse centro, Hale Pohaku ("casa de pedra" em havaiano), encontra-se a 2.800 metros de altitude. O astrônomo deve passar aí pelo menos 24 horas a fim de que seu organismo se aclimate com a altitude e a rarefação de oxigênio, antes de subir até o pico do Mauna Kea, 1.400 metros mais alto. Chega-se, pois, um dia antes de começar a trabalhar efetivamente. Uma etapa a mais nos preparativos dessa viagem havaiana. Obter uma autorização para passar três noites aqui é o fim de um longo processo. A cada seis meses a Nasa lança uma convocação para a comunidade de astrônomos solicitar projetos científicos que farão bom uso do telescópio. Esses são a seguir examinados e anotados por um comitê de especialistas. Somente um entre quatro projetos é aceito. A competição é grande. Para ter acesso, por exemplo, ao telescópio espacial Hubble, dotado de uma acuidade visual excepcional, apenas um entre cinco ou seis projetos submetidos ultrapassa a barreira.

Meu tema de pesquisa refere-se à formação e evolução de galáxias. Eu me concentrei no estudo das galáxias ditas "anãs", no tocante ao seu tamanho e sua massa, pois acredito que elas formam os tijolos fundamentais das galáxias, tal como os prótons e os nêutrons são entidades fundamentais dos núcleos

Observatório de Mauna Kea ao crepúsculo. O telescópio que utilizo encontra-se à extrema direita.

" A passagem do dia para a noite é um dos acontecimentos mais emocionantes que existem. Quando o Sol desaparece no horizonte, o céu continua a ser iluminado ainda por alguns instantes. Esta noite, a noite de observação, promete ser bela.

dos átomos que constituem a matéria. São essas galáxias anãs que, sob a influência da gravidade, vão se reunir para dar nascimento às majestosas galáxias que ornam o céu, como a Via Láctea. Essas galáxias anãs contêm quantidade enorme de estrelas jovens, quentes e massivas que emitem luz azul e vêm ao mundo em berçários estelares muito compactos, daí seu qualificativo de "azuis compactas".

## Uma Noite Boa

UMA VEZ ACEITO o meu projeto sobre as galáxias anãs azuis compactas, as noites de observação são programadas com meses de antecedência. Isso depende da posição dos objetos a estudar no céu e da instrumentação que vou precisar. Essa programação antecipada me permite planificar minha agenda. Mas resta sempre um elemento de incerteza: ninguém pode prever de antemão o clima que fará durante as noites consignadas. É o que faz dessa temporada tão esperada um jogo de loteria: se você tiver sorte, o céu estará limpo, e você voltará à universidade com uma messe de observações. Do contrário, o clima estará ruim, as noites serão perdidas, e você voltará com as mãos vazias. Será preciso começar do zero, refazer o pedido para o ano seguinte, esperar que seja aceito de novo (o que não é de todo garantido, pois a composição do comitê de avaliação muda, e a concorrência também) e que dessa vez haja um bom clima.

Para essa viagem de observação, a sorte está do meu lado. O céu está limpo e a noite vai ser boa. Diante de mim se abre uma paisagem surrealista, colorida de negro, com estruturas vulcânicas esculpidas em forma de cones que surgem ali e acolá. Nenhuma vegetação, porque ela não consegue subsistir a essa altitude. Nessa paisagem lunar, erguem-se grandes e majestosas cúpulas brancas que abrigam os telescópios.

Sob meus olhos se estende o imenso mar de nuvens que envolve o vulcão. Essa camada vaporosa é o resultado daquilo que os físicos denominam de "inversão de temperatura". O ar se resfria em geral quando subimos em altitude, mas em certos lugares, como perto do cume do Mauna Kea, a temperatura pode se inverter, criando uma espessa camada de nuvens de mais ou menos seiscentos metros de espessura. Esse oceano de nuvens me dá a louca impressão de flutuar alto no espaço. Ele isola o céu que vou contemplar essa noite do ar que grassa em baixa altitude e filtra toda a umidade ou substância atmosférica poluente. Alguns outros lugares rivalizam, desse ponto de vista, com o Mauna Kea, como o Deserto de Atacama, na Cordilheira dos Andes, no Chile, no hemisfério Sul, lá onde está instalado o Observatório Europeu Austral. Mas para o estudo dos objetos celeste do hemisfério Norte, o observatório de Mauna Kea é incomparável.

**" Os berçários estelares estão enfiados nos casulos de gás e de poeira e emitem quantidade de raios infravermelhos.**

A galáxia anã da grande nuvem de Magalhães.

## A Luz nos Liga ao Universo

AS ABÓBODAS IMPONENTES, cuja brancura imaculada contrasta com o negro profundo do solo vulcânico, oferecem um espetáculo surpreendente de beleza e de poesia. Sua pintura branca reflete os raios solares, possibilitando a proteção dos telescópios contra o assalto do calor de nosso astro. Essa noite elas irão se abrir para recolher a luz do cosmos. Graças a ela, nós nos comunicamos com o universo, nós nos conectamos com ele. Ela carrega consigo as notas esparsas da melodia secreta do cosmos que procuramos reconstituir. O espaço é muito vasto para que viajemos até às estrelas e galáxias. Mesmo uma expedição para a estrela mais próxima do Sol, Próxima do Centauro, a 4,3 anos-luz, levaria, com os nossos fusos horários atuais, cerca de quarenta mil anos, ou seja, quatrocentas vezes a duração de uma vida humana! Foi essa imensidão de espaço que levou o filósofo positivista Augusto Comte (1798-1857) a afirmar que a humanidade não poderia jamais conhecer, verdadeiramente, a natureza das estrelas, porque elas estão muito distantes. Em 1844, ele escrevia em seu *Tratado Filosófico de Astronomia Popular*: "Sendo os astros acessíveis a nós apenas pela vista, é claro que sob a primeira aparência sua existência nos deve ser mais imperfeitamente conhecida que qualquer outra, podendo assim comportar apenas apreciação decisiva em relação aos fenômenos mais simples e mais gerais, únicos redutíveis a uma distante exploração visual." O filósofo não podia se enganar tão redondamente. Sessenta anos depois da escritura dessas linhas, uma nova física dos átomos, a mecânica quântica, revelará que a luz dos astros contém um código cósmico: basta aos astrônomos capturar essa luz e decompô-la em um espectro – exatamente o que irei fazer na noite que se aproxima – para decifrar esse código e decodificar a natureza química e o movimento desses astros inacessíveis.

Isso que se oferece a nós com a luz das estrelas,
isso que se oferece a nós,
capte-o qual um mundo sobre sua face,
não o tome levianamente.

Mostre à noite que você recebeu silenciosamente
o que ela lhe trouxe.
Só quando você for confundido com ela
É que a noite te conhecerá.

[Rainer Maria Rilke, *Poemas à Noite*.]

Como chegar ao mistério da composição química das estrelas e das galáxias? Pela interação da luz com a matéria. A luz só é perceptível se interagir com um objeto: cúmulo de paradoxos, a luz que nos ilumina e nos permite ver o mundo é, em si mesma, invisível. Se projetarmos a luz em um recipiente fechado, e tomarmos o cuidado para ela não incidir sobre nenhum objeto e nenhuma face, veremos apenas obscuridade. Só quando introduzimos um objeto no caminho da luz é que o vemos iluminado e percebemos que o recipiente está cheio de luz. Do mesmo modo, um astronauta verá pela escotilha de sua cabine espacial o negro tinto do espaço profundo, embora o espaço ao seu redor esteja inundado de luz solar. Ela, não incidindo sobre nada, não pode ser vista, e o céu é preto.

Para que a luz manifeste sua presença é preciso, portanto, que seu trajeto seja interceptado por um objeto material, sejam pétalas de uma rosa, os pigmentos coloridos sobre a paleta de um pintor, a retina de nosso olho ou o espelho de um telescópio. A matéria é feita de átomos, e cada átomo é composto de um núcleo em torno do qual orbitam elétrons. Quando eles se deslocam de uma órbita para outra, os elétrons absorvem ou emitem fótons, partículas de luz, dotadas de diferentes energias. Se obtivermos o espectro da luz de uma estrela ou de uma galáxia – em outros termos, se a decompusermos com um prisma em diferentes componentes de energia ou de cor – descobriremos que esse espectro não é contínuo, mas tracejado com numerosas raias de absorção ou de emissão verticais, correspondentes às energias absorvidas ou emitidas pelos átomos de matéria que compõem a estrela. A disposição dessas raias não é, pois, aleatória, mas reflete fielmente o arranjo das órbitas dos elétrons nesses átomos de matéria. Esse arranjo é único para cada elemento. Ele constitui uma espécie de impressão digital, a carteira de identidade do elemento químico que permite ao astrofísico identificá-lo sem equívoco.

O código cósmico que veicula a luz nos revela não apenas a composição química dos astros, mas também seus movimentos. No universo nada é imóvel, tudo muda, tudo se mexe, tudo evolui, tudo é impermanência. Se não percebemos essa agitação frenética dos céus é porque os astros estão muito distantes e nossa vida é muito breve. As mudanças só são perceptíveis a olho nu na escala de tempo de milhões, ou melhor, de bilhões de anos. Mas a luz nos revela essa impermanência do cosmos. Ela muda de cor quando a fonte luminosa se mexe em relação ao observador. Se o objeto se afasta, ela se desloca para o vermelho: as raias verticais se deslocam para energias menores; se o objeto se aproxima, a luz se desloca para o azul: as raias verticais se deslocam para energias mais elevadas. Medindo esses desvios para o vermelho e para o azul, o astrônomo consegue reconstruir os movimentos cósmicos e ver as estrelas valsarem.

A luz tem isso de maravilhoso que nos permite também explorar o passado do universo e, ao fazer isso, compreender o seu presente e prever o seu futuro. Graças a ela remontamos no tempo e reconstituímos a esplêndida epopeia cósmica de cerca de quatorze bilhões de anos que ela trouxe até nós. A propagação da luz não é instantânea, ela gasta um tempo até chegar a nós. Ela se desloca com a maior velocidade possível no universo, que é de trezentos mil quilômetros por segundo. Um tique-taque e a luz já deu sete voltas completas em torno da Terra! Mas trata-se de uma velocidade de tartaruga na escala do cosmos. É assim que a luz nos traz sempre novidades do passado. Se vemos pessoas e objetos à nossa volta com apenas uma fração de segundo de atraso, o retardo para as estrelas e as galáxias é muito mais importante. Ele é tanto maior quanto mais afastado estiverem os objetos celestes. Assim a Lua nos aparece tal qual ela era há um pouco mais de um segundo, o Sol, tal qual era há oito minutos, a estrela mais próxima, Próxima do Centauro, tal qual era há 4,3 anos, Andrômeda, a galáxia mais próxima e semelhante à Via Láctea, tal qual era há 2,3 milhões de anos. Em outras palavras, a luz de Andrômeda partiu quando os primeiros homens percorriam a savana africana. E assim por diante. Nós descobrimos os quasares, essas galáxias muito distantes que têm em seu núcleo um buraco negro supermassivo de um bilhão de massas solares devorando a torto e a direito as estrelas da galáxia hospedeira que ela possuía há uma dúzia de bilhões de anos, quando o universo só tinha dois bilhões de anos. Os telescópios, essas catedrais dos tempos modernos que recolhem a luz do cosmos, constituem as fantásticas máquinas para remontar no tempo.

## ▷▷ O EFEITO DOPPLER

A mudança de cor da luz emitida por um objeto em movimento é o que denominamos de "efeito Doppler", nome do físico austríaco Johann Christian Doppler (1803-1853), que descobriu um fenômeno similar para o som: o som emitido por um objeto em movimento é mais agudo quando ele se aproxima do observador e mais grave quando se afasta. Assim, quando estamos na calçada, de pé, e vemos uma ambulância passar, o som da sirene muda de agudo para grave.

" **Os astrônomos fizeram uso de tesouros de engenhosidade para construir telescópios capazes de recolher a paleta de luzes, visíveis e invisíveis.**

Tempestade e Via Láctea vistas do Observatório de Mauna Kea.

## Luzes Invisíveis

SE A LUZ visível – aquela para a qual nossos olhos são sensíveis – nos permite passar por fases progressivas no mundo e interagir com ele, se ela nos permite perceber e compreender o universo, apreciar a sua beleza, seu esplendor e sua harmonia, se ela é fonte de vida – ela possibilita a fotossíntese das plantas –, a natureza também é pródiga, para penetrar nos segredos do cosmos, de outros tipos de luzes, aquelas que nossos olhos não podem ver: as luzes "invisíveis".

A luz visível é apenas uma pequena parte de toda gama de luzes que compõem o que o físico chama de "espectro eletromagnético". Cada tipo de luz é caracterizado por uma energia que lhe é própria. Por ordem decrescente de energia vêm a luz gama (raios gama) e a luz x (raios x), que são de tal modo energéticas que atravessam nossos corpos como se eles não existissem; a luz ultravioleta, que possui ainda muita energia para queimar a nossa pele e produzir cânceres; a nossa preciosa luz visível; a luz infravermelha que nossos corpos emitem permanentemente e que permite aos cães nos ver à noite, uma vez que seus olhos são mais sensíveis a ela; a luz micro-onda, a emitida por nossos fornos de micro-ondas e que aquecem nossos alimentos; por fim a luz rádio, a menos energética de todas, que veicula os programas de rádio e de televisão desde a estação emissora aos celulares ou iPads.

## Olhos Satelizados

A NATUREZA SE serve de toda essa paleta de luzes à sua disposição. Para nós, nossos olhos são sensíveis à luz visível porque nosso astro, o Sol, irradia sobretudo no visível. Mas o universo não está de modo algum submetido a essa restrição e ele não se priva de exprimir sua criatividade servindo-se de todas as luzes possíveis: a morte explosiva de estrelas massivas libera raios gama, as cercanias dos buracos negros emitem copiosas quantidades de raios X, e os berçários estelares enfiados nos casulos de gás e de poeira emitem raios infravermelhos em quantidade.

Afim de observar o universo em toda a sua exuberância e sua inventividade, os astrônomos fizeram uso de tesouros de engenhosidade para construir telescópios capazes de recolher esses diferentes tipos de luzes, necessitando cada qual de técnicas diferentes. Assim, o telescópio da Nasa que irei utilizar nas três noites vindouras foi otimizado para captar a luz infravermelha de objetos celestes. Mas os astrônomos devem também levar em conta esse fluido vital que é a atmosfera terrestre, que age como um filtro, deixando passar apenas as luzes visíveis e de rádio e bloqueando as outras. Felizmente, para a nossa saúde, há essa espécie de filtro, pois doses excessivas de raios energéticos gama, x ou ultravioleta provenientes do Sol e do cosmos seriam demasiado nocivos para a vida sobre a Terra. Contudo, essa filtragem que nos protege não é assunto do astrônomo que deseja examinar toda a paleta de luzes emitidas pelos objetos celestes. Para fazer isso, é obrigado a "satelizar seus olhos", isto é, pôr em órbita, acima da atmosfera terrestre, telescópios x, ultravioletas ou infravermelhos empoleirados em balões ou satélites.

A colocação em órbita, em torno da Terra, de satélites artificiais começou em 1957 com o Sputnik e constituiu uma etapa tão fundamental na história da astronomia quanto a invenção do telescópio, em 1609. O telescópio espacial Hubble, dotado de um espelho de 2,4 metros de diâmetro e colocado em órbita pelo ônibus espacial Discovery, em 1990, é, sem dúvida, o mais célebre desses olhos "satelizados". O Hubble capta não somente luz visível, mas também luzes ultravioleta e infravermelha. Como a luz não tem mais que atravessar a atmosfera terrestre e, portanto, não é mais perturbada pelos movimentos incessantes dos átomos do ar, as imagens do Hubble são de uma perfeita nitidez e nos revelam esplendores insuspeitos do cosmos. Enriquecendo substancialmente o nosso imaginário, elas também fizeram progredir de modo considerável nosso conhecimento do universo.

## Os Ocasos do Sol

ANTES DE ENTRAR de novo na sala de observação para começar a minha noite de trabalho, eu me concedi ainda alguns momentos para contemplar o Sol que desaparecia sob a camada de nuvens.

A alternância do dia e da noite é devida à rotação da Terra. Em toda parte, sobre o globo terrestre, a noite cai porque nosso planeta, girando em torno de si próprio, faz desaparecer o Sol sob o horizonte e é assim que a sombra nos invade. Inversamente, o dia se levanta quando a rotação da Terra nos reconduz ao Sol. Este sobe, então, acima do horizonte e nos ilumina com sua luz: é o começo de uma nova jornada. Como a Terra gira de oeste para leste, o Sol se levanta sempre a leste, sobe ao céu até uma altitude máxima chamada zênite, para em seguida descer e se pôr a oeste. Todo esse movimento não passa de ilusão: não é o Sol que se desloca no céu, somos nós; nosso posto de observação não cessa de se mexer. Esse movimento cotidiano do Sol no céu enganou o homem durante aproximadamente dois mil anos; durante um longo tempo o homem tinha a firme convicção de que a Terra reinava imóvel no centro do universo e que tudo – o Sol, os planetas, as estrelas e outros objetos celestes – girava em torno dela. Só em 1543 o cônego polonês Nicolau Copérnico desalojou a Terra de sua posição central, colocando o Sol em seu lugar e inaugurando, assim, o universo heliocêntrico.

À medida que a Terra gira em torno de si mesma, a linha de demarcação que separa o dia da noite muda continuamente de localização sobre o globo terrestre. Para admirar um pôr do Sol (ou um nascer do Sol) é preciso estar bem onde se situa essa linha de separação. Se vivêssemos como o Pequeno Príncipe, de Saint-Exupéry, sobre um asteroide de porte muito pequeno, bastaria que nos deslocássemos de uma distância mínima para seguir o movimento da linha de separação da luz e da sombra e poderíamos observar continuamente um novo ocaso ou nascer do Sol.

O aviador nos relata, assim, como o Pequeno Príncipe pôde observar o Sol se pôr quarenta e três vezes em um só dia, tão pequeno era o asteroide em que ele vivia:

> Quando é meio-dia nos Estados Unidos, o Sol, todo mundo sabe, se põe na França. Bastaria poder ir à França em um minuto para assistir ao pôr do Sol. Infelizmente, a França está bem distante. Mas, sobre

> seu planeta tão pequeno, basta arrastar a cadeira de alguns passos. E você olharia o crepúsculo cada vez que quisesse... você sabe... quando se está de tal modo triste, a gente gosta dos ocasos...

Os ocasos apaziguam nossos corações quando estamos tristes ou melancólicos; sua beleza age como um bálsamo. Diante da entrada do meu observatório, sou tomado por essa paleta, essa mistura de tons amarelos, vermelhos e alaranjados que ilumina o céu pouco antes do desaparecimento do astro sob a camada de nuvens e da noite que envolve a paisagem.

**Crepúsculo: luz imprecisa que sucede imediatamente ao pôr do Sol.**

*[Le Robert.]*

Mark Rothko. Sem título – Branco, amarelo, vermelho sobre amarelo, 1953.

## Metamorfose de Cores

A QUE DEVEMOS essa explosão de cores? Por qual magia o Sol, que é de um branco deslumbrante quando está alto no céu, se transforma em um amarelo brilhante, depois num alaranjado cintilante, para acabar em um vermelho profundo quando desce na direção do horizonte definido pela camada de nuvens? Essa metamorfose de cores se deve às moléculas de ar e às partículas presentes na atmosfera terrestre. Essas partículas podem ser produzidas seja pela atividade humana, como os grãos de poeira ou a fumaça, seja de modo natural, como as gotas de água acima do oceano. A interação entre elas e a luz do Sol é a origem desse magnífico espetáculo de luz. Quando o Sol está alto no céu, sua luz, em sua trajetória para chegar aos nossos olhos, encontra relativamente poucas moléculas de ar e partículas. A luz é assim pouco difundida ou absorvida, e mantém sua cor branca original. Mas, ao fim do dia, quando o Sol está baixo no horizonte, a luz viajando rente ao solo atravessa uma quantidade muito maior de atmosfera. Ela encontra mais moléculas de ar e de partículas: uma grande parte de sua componente azul é difundida pelos raios solares. Isso diminui o brilho do disco solar e modifica também a sua cor. Quando a luz azul é subtraída da luz branca, ela se transforma em amarelo e laranja, fato que nos proporciona o extraordinário festival de tintas amarelas e alaranjadas.

## A Luz Azul

AS PROFUNDEZAS INFINITAS do céu azul de Mauna Kea que
eu contemplo, e nas quais tenho a impressão de me perder,
resultam também da difusão da luz azul pelas moléculas e
partículas atmosféricas. É o mesmo azul celeste que pude
admirar do avião que me trouxe até aqui. Ao longo da viagem,
o céu, as montanhas e os rios pareciam dissolver-se na vasta
sinfonia azulada. Esse esplendor é devido à camada de ar que
inalamos e que nos protege das radiações nocivas e dos raios
cósmicos, essas partículas energéticas expulsas para o espaço
pelas supernovas. Mas essa camada atmosférica é demasiado
estreita. Se reduzirmos nosso planeta ao tamanho de uma
laranja, sua atmosfera seria menos espessa que a casca dessa
fruta. Para além da sua atmosfera, a Terra é envolvida por
um quase vazio. Isso porque no espaço intersideral não existe
nenhuma molécula de ar para difundir a luz do Sol e nos
fornecer o azul divino – o céu torna-se negro. É isso que explica
porque o céu visto pelos astronautas, desde o espaço ou desde
a superfície lunar totalmente desprovida de ar, é sempre de um
negro tinto. Devemos o preto da noite ao vácuo quase perfeito
do espaço.

A transformação do dia em noite é dos eventos mais
emocionantes. Quando o Sol desaparece sob o horizonte,
a noite não nos envolve instantaneamente em seu negro
tinto. O céu continua iluminado por alguns instantes ainda:
é o que se denomina por anoitecer ou "crepúsculo". Durante
mais de uma hora, do pôr do Sol ao cair da noite, o brilho do
céu irá diminuir quase quatrocentas mil vezes. É de novo a
atmosfera que é responsável pelo crepúsculo. Embora nosso
astro esteja abaixo do horizonte, ele continua a iluminar o ar

que se encontra acima dele devido à difusão da luz. Em nossas latitudes, quando o nosso astro desce seis graus abaixo do horizonte, não podemos mais ler à luz do dia. A −12 graus, os contornos dos objetos que nos rodeiam ficam esfumaçados. A escuridão torna-se total a −18 graus.

É nesse momento que minhas observações astronômicas se iniciam. A oeste, na direção do pôr do Sol, as nuvens amareladas e alaranjadas se retardam, desenhando uma espécie de arco crepuscular. O zênite conservou sua cor azul durante toda duração do crepúsculo, enquanto quase todas as outras partículas do céu mudaram de cor. Dessa vez, foi a camada de ozônio na atmosfera, com uns trinta quilômetros de altura, a responsável: ela filtra a luz solar, absorve fortemente o vermelho, o laranja e o amarelo, mas deixa passar o azul.

## A Lua: Astro da Noite e Filha da Terra

NO CLARÃO DO crepúsculo, contemplo a Lua crescente que se apressa em descer para o horizonte. Ela é de longe o astro mais brilhante do céu noturno. A Lua é nosso satélite. Ela sempre exerceu uma poderosa fascinação sobre o imaginário do homem, quer ele seja artista, cientista, astrólogo ou astrônomo.

Quem não esteve fascinado pelas fases cíclicas lunares, se sucedendo da Lua nova para a Lua cheia, passando pelos quartos crescentes e minguantes? Em certas culturas antigas, como na China e nas Filipinas, acreditava-se até que um dragão devorava a Lua após cada ciclo, e que uma "nova" Lua nascia literalmente para o ciclo seguinte. Sabemos hoje que as fases da Lua nada têm a ver nem com dragões nem com vampiros, mas resultam da variação de iluminação de sua superfície pelo Sol vista da Terra no curso de seu périplo mensal de 29,5 dias em torno de nosso planeta.

## ▷▷ SUPERNOVA

Explosões gigantescas resultantes da morte de estrelas massivas, com uma dezena de vezes da massa do Sol ou mais, e liberando durante alguns dias tanta energia quanto uma galáxia inteira de cem bilhões de estrelas. Vista a partir da Terra, uma supernova aparece, portanto, muitas vezes como uma estrela nova, enquanto ela corresponde, na realidade, ao desaparecimento de uma estrela. As supernovas são eventos raros na escala humana: estima-se que ocorrem de uma a três vezes por século em nossa Via Láctea.

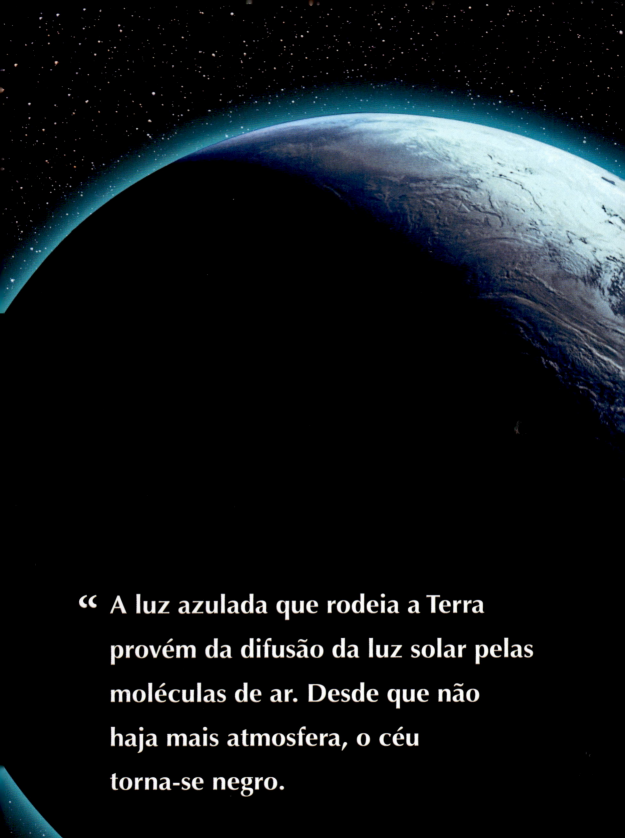

" A luz azulada que rodeia a Terra provém da difusão da luz solar pelas moléculas de ar. Desde que não haja mais atmosfera, o céu torna-se negro.

**Eu queria a Lua. […]. Esse mundo, tal como é feito, é insuportável. Tenho necessidade, pois, da Lua, ou da felicidade, ou da imortalidade, de qualquer coisa que seja louca talvez, mas que não seja desse mundo.**

[Albert Camus, *Calígula*.]

A Lua desempenha um papel decisivo em nossa existência. Sem ela, a vida sobre a Terra não teria sido possível. Ela forma um par simbiótico com o nosso planeta em vários aspectos. Para começar, ela literalmente nasceu da Terra. Foi o choque retumbante de um bólido louco contra o nosso planeta que a arrancou. Segundo essa teoria, chamada de "Grande Impacto", a Terra deu à luz a Lua quando da formação dos planetas do sistema solar, após o nascimento do Sol, há 4,55 bilhões de anos. Durante as centenas de milhões de anos que se seguiram, enquanto os planetas estavam em via de se constituírem, enormes bólidos chamados asteroides percorriam o sistema solar em todos os sentidos, cortando o ar a dezenas de quilômetros por segundo. De tempos em tempos ocorriam entre os planetas nascentes e os asteroides colisões de uma violência inaudita. Foi uma dessas colisões formidáveis que arrancaram a Lua da crosta terrestre. Um imenso asteroide rochoso do tamanho de Marte (cerca da metade do tamanho da Terra, e com um décimo de sua massa) veio chocar-se contra o

nosso planeta. Sob a violência do choque, porções
de matéria ardente e liquefeita provenientes tanto da Terra
como do Grande Impacto jorraram no espaço. A matéria
ejetada resfriou-se em seguida e se aglomerou sob o efeito
da gravidade para formar a Lua.

O acaso desempenha um papel proeminente na fabricação
do real. Foi ele que fez a Terra sofrer, e somente ela entre os
outros planetas telúricos (aqueles que têm uma superfície
sólida como Mercúrio, Vênus e Marte), uma colisão violenta,
de modo que ela é o único planeta telúrico dotado de uma Lua
enorme. Por falta de uma colisão fecunda, Mercúrio e Vênus
não possuem luas e Marte tem duas de pequeno porte.
Esses satélites marcianos de uma vintena de quilômetros,
o planeta vermelho os atraiu com a sua gravidade.
Se o asteroide que se chocou contra a Terra fosse um pouco
mais massivo, ele poderia ter pulverizado o nosso planeta
em mil pedaços: nosso paraíso cósmico não teria existido
e nós, muito menos. A natureza toca jazz: como o jazzista
improvisa e borda em cima de um tema geral para produzir
novos sons ao capricho de sua inspiração e da reação do
público, a natureza se serve das leis físicas e da contingência
para criar a novidade.

## Um Satélite Ideal

UM ACONTECIMENTO ALEATÓRIO foi, pois, a causa de nossa existência: é nosso satélite, a Lua, que, por sua interação gravitacional com a Terra, confere estabilidade ao eixo de rotação da Terra, permitindo evitar variações climáticas extremas, e favorecendo, assim, a eclosão e o desenvolvimento da vida em nosso planeta.

Com a ausência da Lua, o eixo de rotação de nosso planeta se comportaria de modo totalmente caótico, não no sentido de "desordem", mas antes, no sentido científico de ausência de previsibilidade. A Terra poderia passar sem aviso de uma posição reta (uma inclinação de 0 grau) até ficar completamente deitada sobre o lado (uma inclinação de 90 graus), passando por sua inclinação atual de 23,5 graus. Como sabemos disso? Graças aos computadores que nos permitem seguir a evolução da Terra, suprimindo a Lua. Esse comportamento caótico teria consequências climáticas catastróficas para a vida terrestre. Assim, se nosso planeta se mantivesse reto, a quantidade de calor solar recebida em cada ponto do globo seria constante no curso dos 365 dias de viagem da Terra em torno de seu astro. As estações desapareceriam e os homens não conheceriam mais as cores ocre e malva das folhas de outono, nem as agruras glaciais do inverno. Por outro lado, se ela estivesse deitada, as variações climáticas seriam extremas: durante seis meses do ano, a metade da Terra estaria mergulhada na obscuridade e no frio frígido de um interminável inverno; essa mesma metade estaria, nos seis meses seguintes, banhada na luz ofuscante do Sol e submetida a um tórrido calor. Com tais excessos climáticos que cairiam sobre nós sem estarmos preparos – a característica de um comportamento caótico é aquela que não pode ser prevista –, a vida mal teria se desenvolvido sobre a Terra.

Marte nos oferece um exemplo concreto daquilo que pode ocorrer na ausência de uma Lua grande para estabilizar o eixo de rotação de um planeta. Seus dois pequenos satélites são pouco massivos para poder fazê-lo. A inclinação do planeta vermelho é agora semelhante ao da Terra (de 25,2 graus), mas acreditamos que seu eixo de rotação teria variado uns dez graus no passado, fato que teria feito o clima marciano passar por extremos. Foi provavelmente o calor de verões tórridos, quando Marte estava muito inclinado em relação ao Sol, que fez evaporar os oceanos e os rios que corriam aos borbotões sobre sua superfície há alguns bilhões de anos. As suas bacias sedimentares e o leito de rios secos são as únicas coisas que nos lembram seu antigo esplendor.

## A Sutil Interação do Par Terra-Lua

A LUA QUE eu vejo flutuar lá no céu faz muito mais do que estabilizar o eixo de rotação de nosso planeta e permitir a eclosão da vida. Ela interage sutilmente com a Terra. Essa interação gravitacional permite à Lua conservar sua parte de mistério: da Terra só poderei ver uma única face da Lua, a outra estará sempre escondida. Como o nosso satélite conseguiu esse truque de nos apresentar apenas uma metade dele, uma vez que ele não é imóvel? Além de seu movimento de revolução mensal em torno da Terra, a Lua é também dotada de um movimento de rotação sobre si mesma. Poder-se-ia pensar que ela deveria desvelar toda a sua superfície girando dessa forma. E, no entanto, não é esse o caso. Por quê? Porque a Lua

Henri Rousseau dito Douanier Rousseau,
*A Cigana Adormecida.*

conseguiu sincronizar seu movimento de rotação em torno de seu próprio eixo com seu movimento orbital ao redor da Terra. Em outros termos, ela gasta exatamente o mesmo tempo (vinte e nove dias e meio) para realizar os dois movimentos. Essa rotação síncrona faz com que um único e mesmo lado da Lua seja visível a partir da Terra. Para que você se convença disso, tente o seguinte experimento: coloque um amigo sentado numa cadeira, depois gire em torno dele cuidando sempre em fixar seu olhar sem jamais lhe dar as costas. Você não poderá fazê-lo a não ser que você gire sobre você mesmo enquanto gira em torno da cadeira. Essa perfeita sincronização dos dois movimentos da Lua não é produto do acaso. Ela é devida às forças gravitacionais que a Terra exerce sobre a Lua. A face escondida da Lua só foi observada graças às sondas espaciais em órbita em torno de nosso satélite, sendo a primeira dessas sondas a russa Luna 3, de 1959.

## As Marés

A INTERAÇÃO GRAVITACIONAL entre a Terra e a Lua se manifesta de outro modo. Estamos todos familiarizados com o fenômeno das marés, responsável pelo fluxo e refluxo dos oceanos. É de novo a Lua, aparentemente tão frágil nas trevas da noite, que, devido às forças gravitacionais que ela exerce sobre a Terra, levanta a enorme massa de água dos oceanos, inunda as margens do mar e derruba os castelos de areia construídos pelas crianças na maré baixa. A Lua não é a única a elevar as águas dos oceanos. O Sol não fica atrás, porém sua contribuição é inferior, igual apenas a um pouco menos que a da metade da Lua.

Em função das posições respectivas do par Sol-Lua em relação à Terra, o Sol pode reforçar ou se contrapor à ação da Lua. Ora, são precisamente essas respectivas posições que determinam as fases da Lua, de modo que a amplitude das marés acompanha ao mesmo tempo o aspecto de nosso satélite. Assim, na Lua nova e na Lua cheia, Sol e Lua estão alinhados com a Terra; seus poderes respectivos de elevar os oceanos na Terra se adicionam, e a maré tem uma grande amplitude. Em compensação, nos primeiros e últimos quartos de Lua, Sol e Lua estão em ângulo reto em relação à Terra, o Sol neutraliza pela metade o poder lunar de elevar as águas e a maré é menos alta.

As marés só derrubam os castelos de areia. Desde o seu nascimento, há cerca de 4,5 bilhões de anos, o planeta azul não cessou de girar mais lentamente sobre seu próprio eixo, e os dias de se alongar. O vai e vem das marés opera um atrito entre a massa de água dos oceanos e a crosta terrestre. Ora, o atrito desprende calor e provoca perda de energia. Para você se dar conta disso, encoste a mão no freio ardente de sua bicicleta depois de você parar de súbito para evitar o choque com um carro. O calor resulta do atrito do freio com a roda.

Igualmente, o atrito dos oceanos com a crosta terrestre faz com que a Terra perca sua energia de rotação e gire gradualmente com menos velocidade sobre ela mesma. E como o dia é definido pelo tempo que leva nosso planeta para dar uma volta sobre si mesmo, isso quer dizer que os dias se alongam. Que os hiperativos não se queixem de não ter horas a mais durante o dia para realizar todas as suas tarefas e nem se regozijem tão depressa. O dia se alonga, é certo, em um passo de tartaruga. Uma pessoa que viverá cem anos verá apenas uma duração suplementar de 0,002 segundos entre o dia de seu nascimento e o dia de sua morte. Mas acerca de tempos geológicos, que não se medem em centenas de anos, mas em bilhões de anos, o efeito acumulado da frenagem da Terra é apreciável. Se a Terra irá girar com menor velocidade no futuro sobre o próprio eixo, *a contrario*, ela girou mais depressa no seu passado. Se voltássemos 350 milhões de anos no tempo, perceberíamos que o dia não durava mais que vinte e duas horas. Voltando ainda mais alguns bilhões de anos, a Terra girava quatro vezes mais depressa que hoje, isto é, o dia durava apenas seis horas. Em outras palavras, o Sol se apressava no seu curso diário no céu: entre o amanhecer e o anoitecer decorriam apenas três horas!

## O Testemunho do Náutilo

SE A LUA ergue a água dos oceanos sobre a Terra pelas forças das marés que ela exerce sobre o nosso planeta, este, por sua vez, não está em repouso. A Terra exerce também forças de maré sobre a superfície rochosa de nosso satélite e, ao fazê-lo, freia o movimento de revolução da Lua em torno da Terra. Há um organismo marinho de belo nome, náutilo, que constitui a prova viva dessa frenagem da Lua no curso do tempo.

Esse molusco é conhecido pelo elegante desenho de sua concha em espiral perfeita. Ela é dividida numa série de compartimentos por câmaras transversais. Qual um pedreiro que empilha uma nova fileira de tijolos a cada dia, o náutilo acrescenta cotidianamente uma nova camada à sua concha, assinalando-a como uma nova estria. Ao fim de cada mês, quando a Lua completa uma volta inteira em torno da Terra, e o náutilo secretou trinta estrias, então ele sai de seu compartimento para emergir em um novo que o separa do

" A Terra deu à luz a Lua quando da formação dos planetas do sistema solar, há 4,55 bilhões de anos.

A Terra vista da Lua.

Roy Lichtenstein, *Beira-Mar à Noite*.

precedente por uma câmara. Assim, a concha do náutilo traz nela mesma uma espécie de calendário que nos permite retraçar a evolução dos movimentos da Lua em volta da Terra. Estudando os fósseis dos ancestrais dos náutilos atuais, surge esse fato espantoso: o número de estrias entre duas câmaras sucessivas e, por conseguinte, o número de dias em um mês, diminui à medida que a idade dos fósseis aumenta. Esses náutilos de outrora nos relatam que a Lua, no passado, cumpria muito mais depressa seu périplo em volta da Terra: em lugar dos 29,5 dias atuais, ela o fazia em 29,1 dias há 45 milhões de anos, e em dezessete dias há 2,8 bilhões de anos! Em outros termos, não só os dias se alongam inexoravelmente no curso do tempo como também os meses.

▷▷   ## A MARÉ

A força de maré exercida por um objeto celeste é proporcional à sua massa e inversamente proporcional ao cubo de sua distância. Ainda que o Sol seja muito mais massivo que a Lua, ele também está muito afastado, de modo que, no fim das contas, a força de maré exercida pelo Sol sobre a Terra não é mais do que aproximadamente a metade da força de maré exercida pela Lua.

A frenagem do movimento orbital da Lua tem uma outra consequência: a Lua se afasta progressivamente da Terra. Sabemos disso graças aos potentes feixes de laser que os astrônomos enviam da Terra para a Lua e que são refletidos pelos painéis deixados pelos astronautas das missões Apollo sobre a superfície lunar. O tempo de ida e volta desses feixes de laser nos permite medir a distância Terra-Lua com grande precisão (para obter a distância Terra-Lua basta multiplicar a duração do trajeto de ida e volta do feixe de laser pela velocidade da luz e dividir o resultado por dois), e tais medidas nos dizem que nosso satélite se afasta em espiral da Terra cerca de 3,8 centímetros por ano, quase com a mesma taxa de crescimento de nossas unhas. Isso significa que a Lua deve ter estado bem mais próxima da Terra quando ela se formou há 4,5 bilhões de anos. Se extrapolarmos, poderíamos pensar que nossos descendentes verão seus dias e meses continuarem a se alongar implacavelmente. O dia, aumentando relativamente mais depressa que o mês, terá uma duração igual a esse último em cerca de dez bilhões de anos, ou seja, em quase cinco bilhões de anos depois de o Sol ter gasto seu carburante de hidrogênio e de hélio e ter se tornado uma estrela morta.

Dia e mês terão, então, uma duração de 47 de nossos dias atuais! A Lua deixará de se afastar da Terra. Nosso planeta gastará, para girar sobre si mesmo, precisamente o mesmo tempo que a Lua para girar em torno da Terra. Essa situação será exatamente semelhante à atual situação da Lua, que gasta precisamente o mesmo tempo para girar sobre ela mesma e realizar uma volta em torno da Terra. Como a Lua desvela hoje sempre a mesma face aos terráqueos, a Terra apresentará então sempre a mesma metade de sua superfície às crateras lunares.

" Ao fim de cada mês, quando a Lua realiza uma volta completa em torno da Terra, o náutilo secretou trinta estrias. Assim, sua concha permite retraçar a evolução dos movimentos da Lua ao redor da Terra.

Terna é a noite,

E talvez a Rainha Lua esteja sobre seu trono,

Por entre seu enxame de estrelas Fadas;

Mas aqui, não há nenhuma claridade,

Salvo aquela que o céu macula com as brisas.

Sobre as sombrias folhagens e o musgo dos atalhos

sinuosos.

[John Keats, *Ode a um Rouxinol*.]

A Lua pode fazer o deleite dos amantes e dos poetas,
mas para o observador do céu, por mais distante que
eu esteja, ela mais perturba do que ajuda. Essa noite tentarei
captar a luz de objetos extragalácticos, extremamente
longínquos, e, portanto, muito pouco luminosos.
A Lua, por seu brilho, impede a visão desses objetos de fraca
luminosidade. Eis por que eu procuro garantir as minhas
observações quando a Lua é menos brilhante, isto é, entre a
Lua nova e quarto crescente. Essa noite, ela está na sua fase
crescente. Sei que irá se pôr em duas horas, deixando
o resto da noite totalmente desprovida de Lua.

## A Noite em Pleno Dia

ALÉM DA SEQUÊNCIA das fases lunares que ela exibe a cada mês para o maior prazer dos terráqueos, a Lua é também responsável por um dos mais belos espetáculos: um eclipse total do Sol. De tempos em tempos, mas sempre na Lua nova, nosso satélite se alinha exatamente com o Sol e a Terra, bloqueando, assim, a luz do disco solar e transformando o dia em noite por alguns minutos. Numa zona de cerca de 250 quilômetros de largura correspondente à sombra móvel da Lua sobre a Terra, os habitantes verão o disco solar se reduzir cada vez mais até sumir completamente. A noite cai em pleno dia, a temperatura entra em queda e as estrelas aparecem no céu. Os pássaros deixam de cantar para dar lugar a um silêncio encantado. É como se a natureza inteira retivesse a sua respiração.

O espetáculo do Sol devorado aos poucos pelo disco negro da Lua e que desaparece totalmente no tempo de alguns minutos é um dos mais extraordinários e memoráveis que a natureza pode nos oferecer. Ele devia ter sido ainda mais desconcertante e angustiante para os povos que viviam em um universo mítico, pois não tinham certeza de que o Sol reapareceria.

Durante um eclipse solar, podemos distinguir a "coroa" do Sol, muito pouco luminosa por ser percebida durante o dia. É uma espécie de halo em forma irregular que envolve o disco de nosso astro. Constituída de gás aquecido a milhões de graus Celsius, ela se estende sobre milhões de quilômetros acima da superfície solar. Por causa de sua temperatura extrema, só uma pequena fração da luz da coroa nos é visível, sendo a maior parte constituída de Raios X. Essa luz muito energética, suscetível de destruir a nossa retina, implica que não devemos jamais observar um eclipse solar sem proteger os olhos com óculos especiais. O movimento orbital da Lua em torno da Terra e o movimento de rotação de nosso planeta fazem com que a sombra circular que a Lua projeta sobre a Terra não seja fixa, porém se desloque a mais de 1.700 quilômetros por hora, fazendo com que o observador saia depressa da sombra lunar para expô-lo de novo à luz do dia. Por isso os eclipses solares totais mais longos não duram mais do que sete minutos. Ao cabo de alguns minutos, o dia retoma os seus direitos, deixando para os homens a lembrança e a nostalgia de ter participado de um dos mais belos e singulares espetáculos da Criação. Igualmente rara, a probabilidade de assistir ao espetáculo da noite cair em pleno dia de um ponto qualquer da Terra é de uma vez a cada trezentos anos, exceto se você viajar para achar um bom momento na sombra da Lua, lá onde o eclipse solar será total.

Em um futuro distante, os eclipses solares totais deixarão de existir. As forças de maré exercidas pela Terra sobre a Lua irão progressivamente afastá-la de nosso planeta. Ao se afastar, ela nos parecerá cada vez menor, seu tamanho angular variará na proporção inversa da sua distância da Terra. Hoje os tamanhos angulares da Lua e do Sol são, por uma curiosa coincidência, aproximadamente iguais a meio grau, o que possibilita à Lua bloquear totalmente o disco solar e nos oferecer o espetáculo mágico dos eclipses solares totais. O Sol possui um diâmetro cerca de quatrocentas vezes maior que o da Lua, mas também está quatrocentas vezes mais afastado da Terra do que a Lua, por isso os dois astros possuem o mesmo tamanho angular. Mas, no futuro, os filhos de nossos filhos… nossos netos não poderão mais vibrar ante o espetáculo de uma noite total caindo em pleno dia, pois ao continuar se afastando da Terra, a Lua tornar-se-á muito pequena para esconder todo o disco solar. Nossos descendentes terão direito apenas a um espetáculo menos surpreendente de eclipses solares parciais em que o dia diminui em luminosidade, mas a noite não chega a se impor.

## ▷▷ LENDAS DE ECLIPSES

Os eclipses inspiraram numerosos mitos, variando segundo as culturas, e ligados, quase sempre, à ideia de uma perturbação da ordem estabelecida. Para os chineses, o dia que virava noite se devia ao fato de um dragão que vinha "comer" o Sol. Aliás, a palavra chinesa para "eclipse", *shih*, significa também "comer".

Inúmeras culturas explicam o desparecimento do Sol (ou da Lua no caso de um eclipse lunar) pela absorção do astro por um animal ou um demônio. A mitologia egípcia fala de uma serpente que ataca o Deus-Sol. Para os Vikings, trata-se de um par de lobos celestes que se apodera do Sol ou da Lua. Na mitologia vietnamita, é um sapo ou uma rã que os comem.

Para outros povos, como os maias, o desaparecimento de nosso astro é a manifestação da cólera dos deuses, que é preciso apaziguar por meio de sacrifícios.

## A Lua na Sombra da Terra

A LUA TAMBÉM pode brincar de esconde-esconde com o Sol e a Terra. Por ocasião de uma Lua cheia, pode ocorrer um eclipse lunar quando o Sol, a Terra e a Lua estão exatamente alinhados e quando a Lua entra na sombra da Terra. Esta última bloqueia temporariamente a luz do Sol, e vemos a sombra da Terra devorar pouco a pouco a superfície lunar até a Lua ficar completamente mergulhada na sombra de nosso planeta. O espetáculo de um eclipse lunar é, sem dúvida, fascinante, mas muito menos impressionante que um eclipse solar, e isso por muitas razões. Para começar, não vemos a noite cair em pleno dia, uma vez que o eclipse lunar acontece sempre à noite. Depois, muita gente – todos os habitantes da face noturna da Terra – pode observá-lo: não precisamos viajar para contemplar um eclipse lunar total. Além disso, ele dura um tempo maior: em lugar de alguns minutos inesquecíveis de um eclipse total do Sol, um eclipse lunar total dura cerca de uma hora e meia – o tempo gasto pela Lua para entrar na sombra da Terra e dela sair. Enfim, a Lua não desaparece totalmente durante o eclipse total. Ela aparece fracamente iluminada de um vermelho pálido, resultante de uma fração da luz solar avermelhada pela atmosfera terrestre e desviada (dizemos "refratada") por ela sobre a superfície lunar. O avermelhamento da luz solar é causado por finas partículas de poeira em suspensão na atmosfera terrestre, as mesmas que são responsáveis pelas luzes do pôr do Sol.

## Vênus

JÁ PASSOU MEIA hora desde que o Sol desceu sob o horizonte. O céu ainda está iluminado pelo brilho do crepúsculo. Pontos luminosos começam a surgir no firmamento. Eu distingo, além da Lua crescente, dois planetas, Vênus e Júpiter, que resplandecem com todo o seu brilho. No crepúsculo (ou na aurora), Vênus é o astro mais brilhante na abóboda celeste, depois do Sol e da Lua: ele está relativamente próximo da Terra, e sua atmosfera reflete bem a luz solar. Com Mercúrio, Terra e Marte, o planeta que traz o nome da deusa do amor faz parte dos planetas de pequeno porte, ditos "telúricos", isto é, nós o dizemos por apresentarem uma superfície sólida constituída de rochas, em contraste com os quatro planetas gigantes gasosos – Júpiter, Saturno, Urano e Netuno –, que não possuem superfície sólida.

Até o século XVII, nossos ancestrais não conheciam mais do que seis planetas, os mais próximos do Sol e visíveis a olho nu. Urano só foi descoberto em 1781 e Netuno, em 1846, com a ajuda do telescópio. O termo "planeta" – que significa "astro errante" em grego – foi escolhido porque esses corpos celestes mudam de posição em relação às estrelas. A Terra, girando em torno dela própria, confere a todos objetos celestes – planetas, estrelas e galáxias – um movimento aparente: eles atravessam o céu de leste para oeste durante a noite. Mas enquanto as estrelas permanecem obstinadamente imóveis umas em relação às outras, desenhando uma configuração invariante no céu, os planetas se mexem em relação às estrelas, avançando inexoravelmente de oeste para leste. Essa diferença no movimento relativo entre planetas e estrelas é devida a um efeito de distância: as estrelas estão muito afastadas,

" Vênus, cartografado por radar com a sonda Magalhães, revela uma superfície escaldante, coberta de fluxos de lava vulcânica.

o que torna os seus movimentos imperceptíveis, enquanto os movimentos dos planetas, muito mais próximos, parecem possuir uma grande amplitude.

Às vezes "estrela da manhã", às vezes "estrela do crepúsculo", Vênus entra em cena após o pôr do Sol no horizonte a oeste (ou faz a sua aparição antes do amanhecer no horizonte à leste). Tal como acontece com Mercúrio, os antigos pensavam que se tratava de dois objetos distintos. Assim, os chineses associavam Vênus a um par, a "estrela da tarde" representando o marido Tai-Po e a "estrela da manhã" a esposa, Nu Chien. Os astrônomos gregos sabiam, no entanto, que se tratava de um único e mesmo objeto. Enquanto a maioria das culturas associava Vênus à deusa do amor (provavelmente porque esse planeta é visível no céu durante os nove meses do ano, como o tempo de gestação da mulher), apenas os maias e os astecas parecem tê-lo ligado a um personagem masculino, irmão gêmeo do Sol.

Na linguagem popular, como o crepúsculo (ou a aurora) marca a hora na qual os pastores reconduzem ou saem com seus rebanhos, Vênus é também chamada de a "estrela do Pastor". Trata-se de um nome equivocado: "planeta do Pastor" seria mais justo. Os planetas têm isso de fundamentalmente diferente das estrelas, as quais produzem a sua própria luz graças à alquimia nuclear em seus centros, enquanto os planetas não geram energia e são incapazes de brilhar por si próprios. Eles só fazem refletir a luz de sua estrela mãe.

À primeira vista, Vênus parece ser gêmea da Terra, com quase a mesma massa e o mesmo porte. Mas param aí as semelhanças. A atmosfera venusiana é consideravelmente mais espessa que

" **Acontece que na Lua nova, nosso satélite se alinha exatamente com o Sol e a Terra, eclipsando, assim, a luz do disco solar. A noite cai em pleno dia e as estrelas aparecem no céu. Os pássaros param de cantar... A natureza retém seu fôlego.**

a atmosfera terrestre e é composta de 96,5% de gás carbônico. Esse gás exerce um efeito de estufa que aprisiona o calor solar e faz subir a temperatura de sua superfície até um calor infernal de 460°C, quase cinco vezes a temperatura da água em ebulição. Vênus é, pois, uma verdadeira fornalha sobre a qual qualquer vida é impossível.

## Júpiter, Senhor dos Planetas

OUTRO PLANETA QUE vejo brilhar no céu é Júpiter, que faz jus ao nome do deus dos deuses, do senhor do Olimpo, na mitologia romana. Júpiter é de longe o maior e o mais massivo dos planetas: com 318 vezes a massa da Terra (mas apenas com um milésimo da massa do Sol), ele é 2,5 vezes mais massivo que todos os outros planetas e luas reunidos. Seu diâmetro é onze vezes maior que o da Terra e seu enorme volume poderia englobar cerca de 1.330 "Terras". Essa imensa superfície reflete a luz solar e torna Júpiter o quarto objeto mais brilhante no céu, depois do Sol, da Lua e de Vênus. É o planeta que gira mais depressa no sistema solar: a despeito de seu gigantesco tamanho, ele faz uma volta completa em torno de si mesmo em menos de dez horas, girando sobre si próprio 27 vezes mais rapidamente que o nosso planeta. Essa rotação fantástica cria imensas forças centrífugas que arqueiam o planeta no seu equador, e suscitam aí rajadas de vento que atingem quatrocentos quilômetros por hora. As sondas espaciais revelaram uma atmosfera agitada, com incessante movimento, flutuante, plena de furor e turbulência.

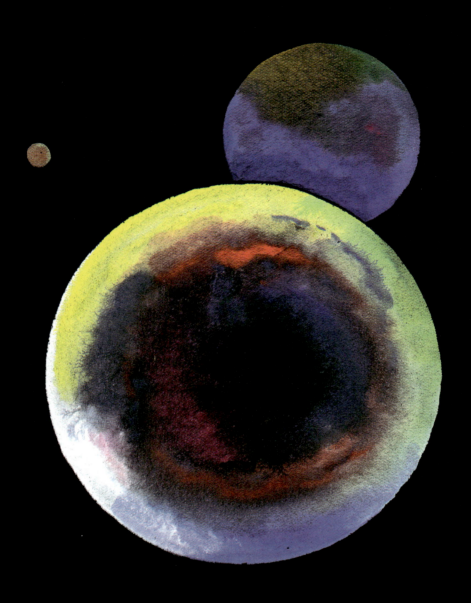

Thavaht, Cunos.

## ▷▷ GALILEU

Quando, numa noite de inverno de 1610, um jovem professor de astronomia da Universidade de Pádua, Galileu, apontou sua luneta astronômica na direção de Júpiter, descobriu quatro luas em torno do planeta gigante, conhecidas hoje como "luas de Galileu". Com o seu telescópio, ele descobriu também que o planeta Vênus atravessava fases, indo de Vênus, nova a Vênus cheia, passando pelas crescentes e quarto crescentes de Vênus. Tais observações iam no sentido do sistema heliocêntrico proposto por Copérnico em 1543. A descoberta dos satélites de Júpiter invalidava a ideia de que a Terra era o centro do mundo e de que tudo girava em torno dela. As fases de

Vênus, resultado do jogo de iluminação do Sol sobre o planeta, só poderiam ser explicadas se Vênus orbitasse em torno do Sol. Encorajado por suas observações astronômicas, sustentou em alto e bom som a tese do universo heliocêntrico. Isso era demais para a Igreja que o citou diante do tribunal da Inquisição e o constrangeu a renegar publicamente suas convicções científicas, em 1633. O divórcio entre a ciência e a religião estava consumado. Três séculos mais tarde, em 1992, a Igreja, na pessoa do papa João Paulo II, reconheceu publicamente seus erros. Como Galileu observou com justeza, se a Igreja pode nos dizer como se vai para o céu, ela é incapaz, no entanto, de nos revelar como o céu se movimenta.

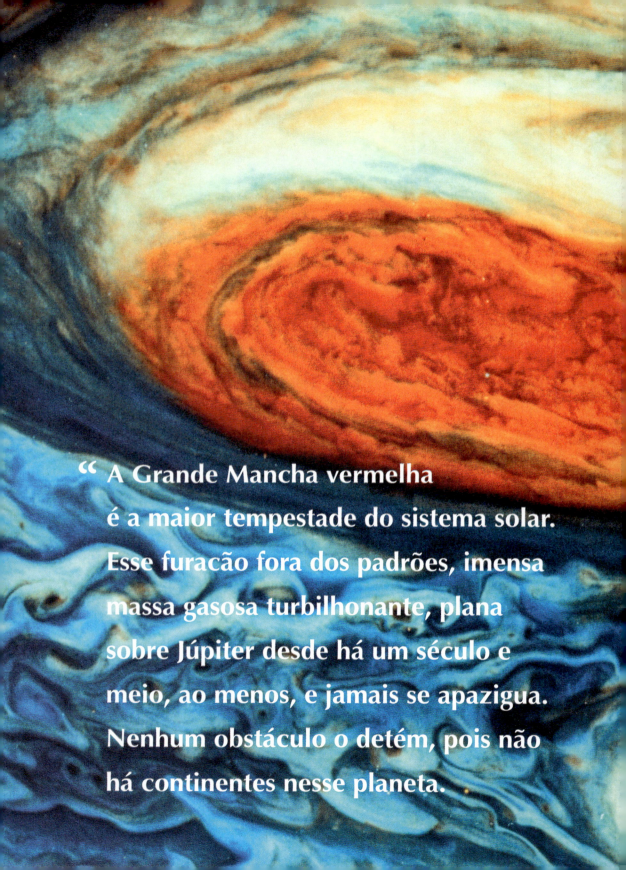

"A Grande Mancha vermelha é a maior tempestade do sistema solar. Esse furacão fora dos padrões, imensa massa gasosa turbilhonante, plana sobre Júpiter desde há um século e meio, ao menos, e jamais se apazigua. Nenhum obstáculo o detém, pois não há continentes nesse planeta.

A maior tempestade do sistema solar, chamada a "Grande Mancha Vermelha", está no auge. De forma oval, ela lembra um olho gigantesco que mira o cosmos. Esse furacão fora dos padrões é uma imensa massa gasosa turbilhonante e turbulenta nas tonalidades castanhas e alaranjadas, tão brilhantes qual uma tela impressionista. Seu porte é tão grande que ela poderia engolir três Terras. Esse gigantesco redemoinho em meio a cinturões nublados, grassa sobre Júpiter há um século e meio, ao menos. Por que esse turbilhão gigante de gás nunca se apazigua? Na Terra, um furacão nasce acima do oceano, dura vários dias antes de morrer quando encontra terra firme – felizmente para os terráqueos que se encontram no seu caminho. Sobre Júpiter não há continentes. Uma vez que uma tempestade é desencadeada e que, como a Grande Mancha Vermelha, atinge um porte suficiente para não ser perturbada por outras tempestades de menor amplitude, ela não morre. Esse turbilhão tornou-se uma região estável, criado e mantido em seu ambiente por fenômenos caóticos.

Composto por 98% de gás de hidrogênio e de hélio, Júpiter é desprovido de superfície sólida. Pouse no planeta e você afundará sessenta mil quilômetros antes de alcançar seu núcleo rochoso. A pressão e a temperatura sobem tão rapidamente no seu interior que você não duraria muito tempo, como prova a missão suicida do satélite espacial Galileu, que lançou uma sonda de paraquedas que mergulhou na atmosfera de Júpiter em dezembro de 1995. A sonda sobreviveu cerca de uma hora até a profundidade de 150 quilômetros antes de ser destruída por enorme pressão das camadas superiores, mas não sem antes nos enviar preciosas informações sobre a alta atmosfera de Júpiter.

A noite já recolhia em seu redil

Um grande bando de estrelas vagabundas,

E para entrar nas cavernas profundas

Fugindo do dia, seus cavalos negros corriam

[Joachim du Bellay, *A Oliva*.]

# A Noite É Também o Tempo dos Amantes

A noite é feita para o amor. Ela esconde o que não deve ser desvelado e aguça o tato. Seu silêncio incita os cochichos, sua obscuridade desperta o desejo, sua calma faz querer a tempestade. Ela oferece a audácia, a embriaguez e o ardor aos amantes.

Marc Chagall, *Paisagem Azul*.

APARTE

Vem, noite, vem, Romeu, vem, meu dia na noite,
Pois você repousará sob as asas da noite,
Mais branca que a neve recém caída sobre o dorso
de um corvo.
Vem, doce noite, vem, amorosa noite à fronte negra,

Dá-me meu Romeu, e quando eu morrer,
Pegue-o e o recorte em pequenas estrelas,
E ele tornará a visão do céu tão bela,
Que o mundo inteiro se apaixonará pela noite,
E deixará de adorar o ofuscante Sol.

[William Shakespeare, *Romeu e Julieta*.]

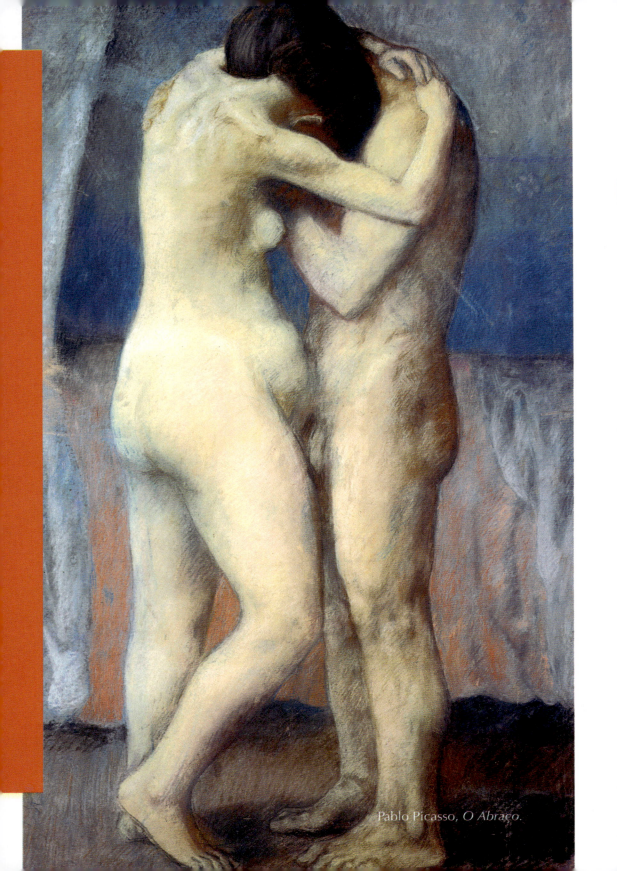

Pablo Picasso, *O Abraço*.

Layla me havia pedido,
aos cuidados de um mensageiro,
De vê-la em segredo,
no mais denso da noite.
Eu fui, malgrado meu medo,
mesmo me protegendo,
Espreitando os perversos,
vigilantes ou adormecidos,
Esta noite, nossa noite,
Nada nos virá perturbar…

[Majnûn, *A Paixão de Layla.*]

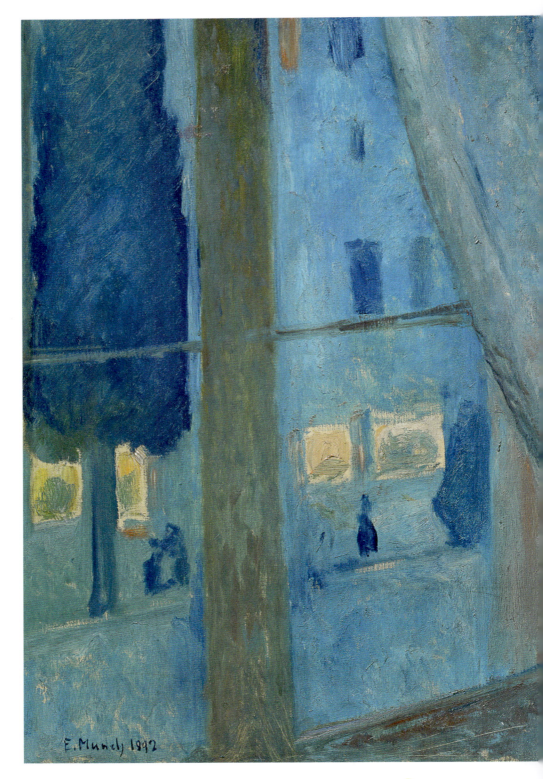

Edvard Munch, *O Beijo*.

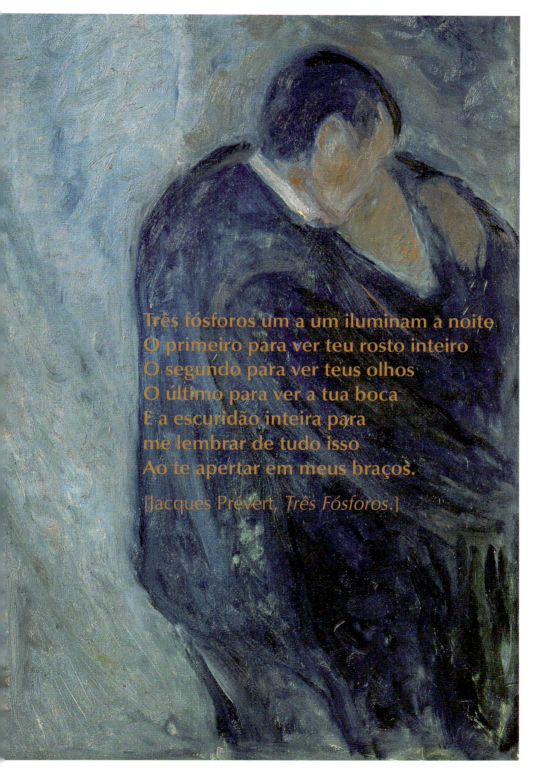

Três fósforos um a um iluminam a noite
O primeiro para ver teu rosto inteiro
O segundo para ver teus olhos
O último para ver a tua boca
E a escuridão inteira para
me lembrar de tudo isso
Ao te apertar em meus braços.

[Jacques Prévert, *Três Fósforos*.]

2.

# No Coração da Noite

**Tudo pela noite! Essa é a minha divisa!**
**É preciso o tempo inteiro sonhar à noite.**

[Louis-Ferdinand Céline, *Viagem ao Fim da Noite*.]

Após ter saboreado a beleza das cores do crepúsculo, o esplendor da Lua e o brilho de Vênus e de Júpiter, entro na sala de controle para preparar minha noite de observação. A astronomia evoluiu muito após os meus primeiros passos, no início dos anos de 1970. Nossa visão de universo ficou infinitamente mais rica e mais complexa, e também o nosso modo de observar o céu. A imagem romântica do astrônomo observando no escuro, olhos colados na ocular do telescópio, tiritando de frio e lutando com valentia contra o sono acabou completamente. No entanto, era isso que eu fazia no início de minha carreira, e era muito desagradável. O corpo sofria. Nos dias de hoje, a observação do céu ocorre de modo muito mais confortável, em uma sala bem aquecida e iluminada, cortinas cuidadosamente descidas para que a luz artificial não polua a dos objetos celestes. Uma xícara de chá ou de café bem quente nas proximidades mantém o espírito desperto.

Na minha sala de observação, só com o operador que maneja o telescópio, preparo-me para minha noite de trabalho. Um terminal de computador me permite controlar tudo. É pelo computador que escolho os instrumentos que irei utilizar à noite que se aproxima para armazenar a luz do cosmos. Posso

decidir por usar uma câmara eletrônica para fotografar os objetos celestes e estudar suas cores e sua morfologia: "Uma imagem vale mil palavras", dizia Confúcio. Ou posso recorrer a um espectroscópio para decompor a luz a fim de estudar a sua composição química e o os movimentos dos objetos celestes. Todas as informações necessárias ao bom controle das operações estão arquivadas nas telas: coordenadas dos objetos do céu, transparência e umidade do ar, quantidade de poeira na atmosfera, velocidade do vento, características do detector eletrônico utilizado etc. Uma vez o telescópio apontado para o objeto celeste, ele aparece em todo seu esplendor, pela magia da eletrônica, na tela da televisão à minha frente. Embora eu frequente os observatórios há decênios,
fico sempre embevecido perante a beleza do cosmos.
Meu coração bate diante do desenho dos braços
em espiral de uma galáxia, das estruturas enevoadas de
um berçário estelar – local de nascimento de estrelas jovens
e massivas –, ou da imagem de um aglomerado globular,
conjunto de milhões de estrelas ligadas entre si pela gravidade.
Sinto-me transportado pelo universo, em osmose com ele.
Essa luz que ora vem ao meu telescópio partiu há milhões, ou melhor, há bilhões de anos, antes mesmo que certos átomos de meu corpo tivessem sido fabricados por fusão nuclear no núcleo de uma estrela. Eu experimento sempre um sentimento de irrealidade com a ideia de ver esses objetos celestes em seu passado tão distante. Alguns desses objetos podem não mais existir, mas as notícias de sua morte só chegarão à Terra bem mais tarde, muito tempo depois do meu próprio desaparecimento.

## Espectro Luminoso

DURANTE A NOITE que se segue, conforme o projeto que propus à Nasa, farei a espectroscopia infravermelha das galáxias anãs azuis compactas. Farei passar sua luz infravermelha por um instrumento denominado espectroscópio que a decomporá em diferentes componentes de energia. A luz assim decomposta, forma um "espectro" que salvo em um detector eletrônico. Tomei o cuidado de preparar, antes de minha partida para o Havaí, um arquivo de computador contendo a lista dos objetos que eu queria observar com suas coordenadas no céu. Sábia precaução, pois, a mais de quatro mil metros de altitude, mesmo com o dia de aclimatização que passei no centro de acolhimento, o cérebro não funciona em toda sua normalidade. Devido à falta de oxigênio, os processos mentais desaceleram, afetando a memória, o tempo de reação, a vigilância e o raciocínio lógico. O melhor é preparar tudo com antecedência, pois mesmo um cálculo mental de adição ou de subtração pode tornar-se difícil!

" **Meu coração bate diante dos braços em espiral de uma galáxia. Eu me sinto transportado pelo universo, em osmose com ele.**

A galáxia espiral Messier 101 [ou galáxia do Catavento] a 21 milhões de anos-luz, fotografada pelo telescópio Hubble.

As telas tornam-se um filtro entre o céu e o observador. Mas a precisão e eficácia bem superiores que elas possibilitam das observações, assim como o maior conforto físico, compensam a perda de uma ligação direta. Contudo, sinto o desejo de estar em contato com o céu, de admirar a esplêndida abóbada estrelada tal qual ela é aqui, excepcional, no cume de um vulcão. No decorrer da noite, enquanto o telescópio, guiado pelos computadores, continua a captar a luz celeste de minhas galáxias anãs azuis compactas, concedo-me alguns instantes para sair de tempos em tempos do edifício que abriga o telescópio e reencontrar a noite e a doce e apaziguadora comunhão com o céu noturno.

## Zênite

A NOITE CAIU. O Sol está agora a mais de dezoito graus abaixo do horizonte. A observação pode começar. Seleciono, da lista de objetos que havia preparado, a primeira galáxia azul compacta que desejo estudar. Devido à rotação da Terra, os objetos desfilam no céu, levantam-se à leste e se põem a oeste. É preciso que eu me prepare para observar cada objeto quando ele passa perto do zênite, para minimizar a absorção de sua luz pela atmosfera terrestre. Oralmente comunico o nome da galáxia ao operador do telescópio sentado ao meu lado, que a procura no arquivo do computador que lhe forneci de antemão, e aponta o telescópio para ela. O operador é responsável pelo bom funcionamento do telescópio e dos diversos instrumentos eletrônicos a ele ligados. É ele quem irá me auxiliar durante as noites seguintes. Monitorando permanentemente o tempo, graças às indicações registradas no arquivo do computador, mas também saindo de tempos em tempos para verificar o estado do céu, é ele quem decidirá fechar ou não a cúpula em caso de mau tempo – nuvens, chuva, neve, vento que sopra em rajadas, enfim, tudo aquilo que possa danificar o telescópio. Quanto a mim, o meu papel é o de decidir o programa científico de observação, me assegurar, após cada novo ponto focado pelo telescópio, de que o objeto que aparece na tela é exatamente o qual desejo estudar – e, para estar seguro, preparo fotografias de cada objeto a partir de arquivos do céu obtidos no passado e por outros telescópios –, decidir o tempo de exposição do telescópio e tratar de modo preliminar os dados adquiridos para me assegurar que são de boa qualidade e que o equipamento funciona bem. É sempre com muita ansiedade que examino os dados, pois quem sabe qual segredo do universo minhas observações da noite irão revelar?

O telescópio está agora apontado para a primeira galáxia. O tempo de exposição será de uma hora. Esse tempo é determinado pela brilhância do objeto celeste. Quanto mais fraca a sua luminosidade, mais tempo o telescópio deve permanecer fixado no objeto para colher a sua luz. Aproveito esse momento para dar alguns passos lá fora, agasalhado em minha parca. A Lua e os planetas desapareceram sob o horizonte. Porém, a despeito de sua ausência, a obscuridade da noite não é completa, como seria se eu estivesse, por exemplo, no interior de uma gruta. A luz provém de outras fontes: das estrelas, para começar. Levantando os olhos para a abóbada, eu me encho dessa "obscuridade iluminada que cai das estrelas", para retomar as palavras de Corneille, inumeráveis pontos de luz no céu. Mas há também a luz zodiacal: a luz

" Os cometas são asteroides
que provêm de muito perto do Sol.
O gelo que os constitui funde-se
e dá origem ao nascimento
de caudas de gás e de poeira
que flutuam em centenas de milhões
de quilômetros.

Cometa Hale-Bopp.

solar refletida pelas numerosas partículas de poeira situadas no plano do zodíaco, aquele no qual os planetas orbitam em torno do Sol. Esses grãos de poeira provêm de antigos cometas que se desintegraram sob efeito do calor solar, ou de colisões de corpos pedregosos no cinturão de esteroides entre Marte e Júpiter.

## As Linhas de Fogo no Céu

DURANTE UMA BREVE fração de segundo vejo um objeto luminoso se deslocando muito depressa no céu, traçando uma linha de fogo na abóboda estrelada, desaparecendo depois no negro da noite. É o que denominamos na linguagem popular de "estrela cadente". Na verdade, essa linha de fogo não é desenhada por uma estrela que se movimenta, mas por um pequeno corpo rochoso chamado "meteoro", geralmente do tamanho de um grão de poeira, que se desloca com grande velocidade (a algumas dezenas de quilômetros por segundo), e que emite luz devido à fricção com o ar atmosférico terrestre que o aquece e o queima. Os meteoros, tais como este que acabou de encantar os meus olhos, resultam, na sua maioria, da morte incandescente de fragmentos de núcleos de velhos cometas. Na origem agrupados, esses fragmentos vão, com o tempo, difundindo-se sobre toda a órbita do cometa. Se a órbita da Terra vier a cruzar a órbita do antigo cometa, teremos, então, o direito, a cada ano, na mesma data, a um espetáculo de um fogo deslumbrante de "chuvas de meteoros", provenientes do mesmo canto do céu, graças a uma multidão de fragmentos de cometa candente quase simultaneamente na atmosfera terrestre. Assim, no campo (ou em um lugar afastado de toda poluição luminosa), por volta da metade de agosto, podemos nos deleitar com o fabuloso espetáculo das Perseidas, uma chuva de meteoros na direção da constelação de Perseu. A frequência das "estrelas cadentes" aí é de tal modo enorme que (ela atinge seu paroxismo na aurora de 12 de agosto) vemos uma a quase cada minuto.

## Chuva Celeste

MAS O QUE acontece se corpos rochosos, designados pelo nome genérico de "asteroides", muito maiores e mais massivos que os fragmentos de núcleos de cometas vierem a cruzar a órbita da Terra? É bom saber que nosso planeta recebe a cada dia uma chuva celeste com cerca de trezentas toneladas de pedras e de poeiras. Até o fim do século XIX, a comunidade científica achava absurda essa ideia de pedras e poeiras caindo do céu. Em 1803, corriam rumores de que uma chuva de pedras se abatera sobre a cidade de L´Angle, no departamento de Orne, na Normandia. O físico Jean-Baptiste Biot (1774-1862) foi enviado à cena pela venerável Academia de Ciências de Paris para liderar a investigação. Examinando centenas de fragmentos de pedra espalhados em dezenas de quilômetros quadrados e confrontando os testemunhos dos camponeses, e em rápido estudo do fenômeno, com todo rigor científico necessário, o físico estabeleceu, de uma vez por todas, a realidade das "pedras que caem do céu". Apresentam elas um perigo? Devemos levar a sério a advertência do chefe da cidade Abraracurcix, em *Asterix*: "Por Tutatis, o céu vai cair sobre nossas cabeças!"? Felizmente para nós, a atmosfera terrestre constitui uma espécie de escudo que nos protege de quase todos os bólidos de pedra. Quando de sua passagem pela atmosfera, o atrito contra o ar e a frenagem daí resultante é tão brutal que a maioria dentre eles se desintegra em uma multidão de pequenos corpos rochosos incandescentes que se consomem na atmosfera. Suas trajetórias traçam linhas de fogo na abóboda celeste. Mas, o que sucede quando asteroides enormes e massivos não queimam completamente quando entram na atmosfera terrestre? A crença de Abraracurcix de ver o céu cair sobre nossas cabeças não seria justificada, no fim das contas?

## Os Testemunhos Silenciosos

ESSES ASTEROIDES FORAM muito numerosos há 4,55 bilhões de anos, quando do nascimento do sistema solar. Aliás, algo em torno de 550 milhões de anos após, a maioria desses asteroides chamados "planetesimais" aglomeraram-se sob a ação da gravidade para formar os oito planetas. Mas no espaço entre esses corpos planetários circula ainda uma população de asteroides que cortam o espaço com a velocidade de dezenas de quilômetros por segundo. Esses asteroides, entrando em colisão de tempos em tempos com os planetas e seus satélites recém-formados, vão atuar como poderosos agentes da contingência para dar forma ao real. Assim, as crateras sobre as faces bexiguentas de Mercúrio e da Lua são os testemunhos silenciosos desse grande período de bombardeio. Alguns desses choques de alto risco modificaram profundamente as características dos planetas de nosso sistema solar. É muito provável que uma colisão entre o nosso planeta e um asteroide tenha causado o ciclo das estações, fazendo com que a Terra inclinasse de lado em 23,5 graus. Foi também uma colisão similar que arrancou um grande pedaço da crosta terrestre para formar a Lua. Nosso planeta não é o único a sofrer os efeitos das colisões com os asteroides. Foram eles que inverteram o sentido de rotação de Vênus – o Sol se levanta a oeste sobre o solo venusiano – ou que viraram o planeta Urano, que se reclinou de lado.

## Reservas de Asteroides

HÁ CERCA DE quatro bilhões de anos, o número de asteroides vagabundos diminuiu consideravelmente. Um certo número fora absorvido pelo Sol, ou ejetado para fora do sistema solar, o que acarretou uma forte diminuição de "geocruzadores", esses asteroides cuja órbita cruza a da Terra e que apresentam um perigo potencial para o nosso planeta. Na maior parte do tempo, os asteroides residem prudentemente em três reservas: o cinturão de asteroides entre Marte e Júpiter; o "cinturão de Kuiper" (do nome do astrônomo estadunidense-holandês Gerard Kuiper, que postulou sua existência em 1951), situado além das fronteiras conhecidas do sistema solar, a aproximadamente 30 a 55 vezes a distância Sol-Terra, e do qual Plutão é o representante mais conhecido, e, finalmente,

Georges Braque, ilustração do *Lettera amorosa*, de René Char.

a "nuvem de cometas de Oort" (nome referente ao seu descobridor, em 1950, o astrônomo holandês Jan Oort), situada entre cinco mil e cem mil vezes a distância Terra-Sol, e cujo limite exterior se estende a um terço da distância entre a Terra e a estrela mais próxima do Sol, Próxima do Centauro, a 4,3 anos-luz.

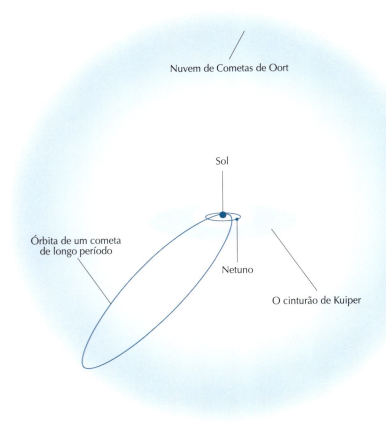

Duas reservas de cometas: a nuvem, esférica, de Oort e o cinturão, achatado, de Kuiper.

## Nuvem de Cometas

POR QUE A designação de "nuvem de cometas" para uma reserva de asteroides? É que os asteroides compostos de rochas e gelo podem, qual uma crisálida que se transforma em borboleta, se metamorfosear em cometas se se aventurarem muito perto do Sol para serem reaquecidas.

O cinturão de asteroides se situa entre as órbitas de Marte e Júpiter.

De tempos em tempos, um asteroide é ejetado de sua reserva pelo piparote gravitacional de uma estrela ou de um asteroide vizinho e é lançado para a parte interior do sistema solar, onde a Terra prossegue incansavelmente sua ronda anual em torno do Sol. Ao se aproximar de nosso astro, o gelo do asteroide se evapora sob a ação do calor solar, dando nascimento a espetaculares caudas de gás e de poeira que se estendem sobre centena de milhões de quilômetros, lembrando uma cabeleira flutuando ao vento (o termo "cometa" vem do grego *kome*, que significa "cabelo").

Durante muito tempo os cometas foram considerados signos anunciadores de profundas perturbações, antes que se compreendesse sua natureza física. Na mitologia indiana, a última encarnação do deus Vishnu na Terra, chamado Kalki, está ligada à aparição de um cometa: "Kalki surgirá montado sobre um cavalo e com uma espada na mão, atravessará o céu como um cometa. Ele restabelecerá a idade do ouro, depois destruirá o mundo." Na tapeçaria de Bayeux, vê-se o cometa Halley que passa em 1066, no momento em que a tapeçaria é bordada; ele é percebido como signo anunciador da invasão da Inglaterra por Guilherme, o Conquistador. Os astecas e os incas fazem igualmente menção a um cometa anunciando a chegada dos espanhóis e a queda de seus impérios. A ideia de uma grande revolução, dessa vez sob feliz auspício, estava também presente no espírito do pintor italiano Giotto (1266-1337) ao pintar em sua tela da Natividade, *A Adoração dos Reis Magos*, o cometa Halley, quando da sua passagem em 1301.

Ao menos cem cometas que cruzam em intervalos regulares a trajetória da nau Terra são conhecidos. Sabemos também da existência de milhares de asteroides ejetados

NO CORAÇÃO DA NOITE

gravitacionalmente de suas reservas, cujas órbitas cruzam com a da Terra. Uma colisão de nosso planeta com um cometa ou um asteroide é, pois, completamente possível. Mas é preciso se alarmar? Vimos que a atmosfera terrestre constitui uma espécie de armadura que nos protege. A vasta maioria desses bólidos de pedra (98%) – aqueles cujo diâmetro é inferior a dez metros – é consumida no ar e raramente atinge o solo. Mesmo quando o conseguem, os estragos são pouco importantes. No máximo, o teto amassado de um carro estacionado numa rua ou uma caixa de correio trespassada. Nada demais! Terráqueos encontram esses objetos caídos do céu sob a forma de pedras calcinadas que eles denominarão de "meteoritos". Eles irão expô-las nos museus ou as analisarão nos laboratórios para recontar os inícios do sistema solar.

## Cratera do Meteoro
## [Cratera de Barringer]

OCORRE DE MODO diverso com os outros 2% dos asteroides restantes. Sendo maiores e mais massivos, podem causar estragos muito importantes. Imaginemos, de início, um bólido tão grande quanto uma casa dirigindo-se impetuosamente contra a Terra. É o caso, por exemplo, do enorme asteroide ferroso com cerca de duzentas mil toneladas e cinquenta metros de extensão que se chocou no deserto do Arizona, nos Estados Unidos, há cinquenta mil anos, liberando a fantástica energia de quinze megatoneladas de TNT, ou seja, mil vezes a potência da bomba de Hiroshima, e cavando na crosta terrestre uma enorme cratera de 1,2 quilômetros de diâmetro, a Cratera do Meteoro. Podemos dormir tranquilos com tais perigos

Vassíli Kandínski, *Esboço Para Diversos Círculos*.

rondando no céu? As estatísticas dizem que sim. Os asteroides ferrosos de tal extensão só entram em colisão com a Terra, em média, em poucas dezenas, ou antes, centenas de milhares de anos. O asteroide tombaria, aliás, provavelmente nos oceanos que recobrem três quartas partes da superfície de nosso planeta azul. O choque provocaria um enorme macaréu que arrasaria as cidades costeiras. Mesmo se, por azar, o asteroide atingisse uma região habitada, seus efeitos seriam localizados e não se estenderiam além de um raio de algumas dezenas de quilômetros: 99,999% da população mundial não seria afetada pelo acontecimento.

## A Longa Noite Hibernal
## e o Desaparecimento dos Dinossauros

A SITUAÇÃO É radicalmente diferente quando se trata de colisões, bem mais raras, com bólidos de algumas dezenas de quilômetros, isto é, do porte de uma cadeia de montanhas. Diferentemente dos asteroides menores, cujos efeitos permanecem localizados, esses podem causar estragos em escala global, e erradicar a maioria das espécies vivas. Foi um asteroide dessa natureza que causou o desaparecimento dos dinossauros que reinavam sobre a Terra há aproximadamente 165 milhões de anos. Os mamíferos, nossos ancestrais diretos, esconderam-se da melhor maneira possível nos pequenos recantos para escapar à voracidade dos tiranossauros e de outros monstros carnívoros. Depois, há aproximadamente 65 milhões de anos, um gigantesco asteroide com um porte de dez quilômetros, com uma massa de dez trilhões de toneladas, e cortando o ar mais depressa do que uma bala de fuzil, se despedaçou sobre a Terra, perto da cidade de Chicxulub, no México, na península de Iucatã, entre o golfo do México e o mar das Antilhas. Esse choque violento teve a força explosiva de um bilhão de megatoneladas de TNT, um milhão de vezes a potência reunida de todos os arsenais nucleares do planeta. Um maremoto da altura de uma centena de metros inundou as Caraíbas, devastou Cuba, a Flórida e a costa do México. Esse impacto de uma potência inusitada projetou nas mais altas camadas da atmosfera mais de cem trilhões de toneladas de pedra vaporizada. A maior parte tornou a cair nas proximidades do lugar do impacto, mas dezenas de trilhões de toneladas (cerca de 1%) permaneceram suspensas no ar, por meses, sob a forma de uma finíssima poeira. As cinzas provenientes dos inúmeros incêndios florestais provocados pelo choque vieram se misturar a elas. Os ventos distribuíram essas poeiras e cinzas ao redor do globo, que formaram uma espécie de véu negro e opaco, bloqueando o calor solar. Uma longa noite hibernal desabou sobre a Terra, que durou anos. A fotossíntese que nutre as plantas e as árvores não pôde mais operar. A cadeia alimentar foi interrompida. As consequências sobre a fauna e a flora desse interminável período de trevas foram catastróficas: de 30 a 80% das espécies vegetais foram riscadas do planeta, acarretando o desaparecimento de três quartas partes dos seres viventes, dinossauros, inclusive, que não podiam mais se alimentar. Os sáurios foram, pois, eliminados, não pelo impacto direto do asteroide, mas pela falta de alimento. A infelicidade de uns fez a felicidade de outros: nossos ancestrais, os mamíferos, nutriam-se de grãos enterrados sob a terra, sobrevivendo ao massacre. Seus principais predadores desapareceram, eles se viram proliferar e se ramificar em numerosas famílias. Uma delas acabou no

*Homo sapiens*. Assim, podemos afirmar que foi graças a um asteroide assassino e a uma longa noite hibernal que devemos a nossa existência.

Devido ao estudo dos fósseis, os paleontólogos nos dizem que, além do impacto que erradicou os dinossauros, ocorreram, durante os últimos 250 milhões de anos, seis outras hecatombes de grande amplitude – ou em média quarenta milhões de anos entre duas extinções consecutivas, provavelmente causadas por bólidos que vieram abalroar a Terra. A frequência de colisões desses bólidos com nosso planeta parece corroborar essa hipótese. Em média, um asteroide com aproximadamente doze quilômetros de diâmetro virá chocar-se contra a Terra a cada cinquenta milhões de anos.

## Colisões Contingentes

QUE FAZER SE um dia anunciarem que um asteroide investe direto contra o nosso planeta? Se o aviso fosse anunciado bem antes, a humanidade disporia de muitos decênios para reagir. Poderíamos então tentar desviar o bólido assassino ou destrui-lo com uma arma atômica. Mas, atenção! Nós poderíamos aumentar de modo expressivo a ameaça, pois, estourando o asteroide em mil fragmentos, correríamos o risco de nos deparar com uma multidão de bólidos atingindo diretamente a Terra, ao invés de um só!

O que nos conta essa história de dinossauros é que os asteroides são poderosos agentes da contingência. Não apenas modificaram radicalmente as características dos planetas, mas também infletiram a evolução da vida na Terra. Eventos celestes totalmente fortuitos e imprevisíveis podem, pois, influenciar profundamente nossa vida de todos os dias. Ao contrário das leis físicas determinadas e fixadas desde os primeiros instantes do universo, esses eventos não são ditados pela necessidade, mas pelo acaso e o aleatório. Em todos os níveis, o real é construído pela ação conjugada do determinado e da contingência.

## As Constelações, Calendários de Antanho

EM UMA NOITE sem Lua, o olho pode discernir seis mil estrelas em todo céu; aqui, em Mauna Kea, cerca de 2.500 estão ao meu alcance. Meus olhos são naturalmente atraídos pelas mais brilhantes. Quase instintivamente eu as ligo uma a outra com linhas imaginárias, desenho motivos no céu.

É um desejo profundamente humano de querer pôr ordem o panorama celeste; esse impulso remonta à noite dos tempos, desde que o homem é consciente do mundo que o envolve. Através das eras e das culturas, ele não cessou de projetar nos céus os seus próprios sonhos, desejos e aspirações.

O homem antigo observou muito cedo que os fenômenos celestes oferecem uma regularidade e uma constância reconfortante. O inexorável movimento do Sol através do céu durante o dia, a Lua que muda de aparência em intervalos regulares durante o mês, as estações que seguem imutáveis de ano a ano, o retorno do Sol após um eclipse total: essas regularidades do céu sem falha tranquilizam ante a incerteza. O homem antigo via também nessa constância dos céus a promessa da imortalidade de seu espírito.

## A Ursa Maior

O MAIS SURPREENDENTE nessa permanência é o aparecimento, ao longo das estações, de certos grupos de estrelas chamadas "constelações". Meu olhar se volta para a Ursa Maior, nome que chega até nós através dos gregos que viam nela Calisto transformado em ursa por Hera. As formas que percebemos no céu revelam nosso imaginário, nossas maneiras de viver e de pensar. Em lugar de um urso, os ingleses viam nela um arado. Para os habitantes da América do Norte, tratava-se de uma enorme concha [o talher com o qual se serve sopa, por exemplo]. Para os chineses, habituados há muito tempo com uma burocracia onipresente, representava um escrevente celeste, sentado sobre uma nuvem, recebendo petições dos cidadãos. Para os egípcios, tratava-se de um maravilhoso cortejo composto de um touro, de um deus em posição horizontal e de um hipopótamo carregando em seu dorso um crocodilo. No tocante aos habitantes da Europa Medieval, eles viam uma carruagem. A Ursa Maior é, sem dúvida, a constelação do Hemisfério Norte mais familiar para seus habitantes naquelas latitudes e é visível durante toda a noite, qualquer que seja o período do ano. As sete estrelas que a compõem estão entre as mais brilhantes do céu – na realidade, elas são mais numerosas, porém invisíveis a olho nu.

Campo de estrelas fotografado pelo Hubble no centro da Via Láctea a 27.000 anos-luz da Terra.

Em seguida, minha atenção se dirige para a estrela do Norte, a Polaris, em uma outra constelação, a da Ursa Menor, situada no prolongamento de duas estrelas brilhantes que formam o contorno da Ursa Maior. A Polaris indicou o Norte aos viajantes desde tempos imemoriais pois, de todos os pontos luminosos do céu, apenas ela aparece imóvel a despeito do movimento de rotação da Terra. E isso porque o eixo de rotação da Terra está apontado para ela. A seguir, passo para Órion, o caçador, particularmente visível no céu de outubro a março. Delimitada por quatro estrelas, essa constelação está dividida em duas por uma diagonal traçada por três estrelas que representam a cintura do caçador. Órion é um herói da mitologia grega reputado, entre outros feitos, por sua busca apaixonada pelas Plêiades, as sete filhas do gigante Atlas. Para afastá-las dos assédios de Órion, os deuses colocaram-nas entre as estrelas do céu; a cada noite de inverno podemos ver Órion perseguir as Plêiades – um aglomerado de estrelas relativamente jovens no qual as sete mais brilhantes representam as sete irmãs.

Nossos ancestrais também observaram a abóboda celeste, e por razões muito concretas: não apenas Polaris lhes indicava o Norte, mas as constelações, que variam no curso das estações devido ao movimento anual da Terra em torno do Sol, lhes serviam de calendário. A sobrevida e o bem-estar do homem antigo dependiam, portanto, do conhecimento dos fenômenos celestes e das relações entre o céu e a Terra. Por exemplo, a estação da caça está ligada aos movimentos de migração das manadas de gazelas e de antílopes que só se reproduzem em certos momentos do ano. Os primórdios da agricultura aumentaram a necessidade de conhecer o céu. As semeaduras e a colheita de frutas e plantas variam segundo as estações.

A aptidão de ler o céu observando as constelações foi, desde então, crucial. No curso do tempo, alguns chegaram mesmo a crer que o destino dos homens podia ser lido pela posição dos astros no instante do nascimento: astronomia foi por um tempo confundida com astrologia. Não é o caso nos dias de hoje.

## Os Doze Signos do Zodíaco

VISTO DA TERRA, o Sol traça no curso do ano um grande círculo sobre a abóboda celeste. A partir do século V a.C., os Antigos dividiram esse círculo em doze signos ou "casas" (uma para cada mês do ano), correspondentes aproximadamente às constelações que o Sol encontra sucessivamente em sua (aparente) viagem anual sobre a abóboda celeste. Estamos familiarizados com esses signos: eles são alternadamente Carneiro [Áries] (quando, em 21 de março, o Sol entra no equinócio da primavera), Touro, Gêmeos, Câncer (quando o Sol entra no solstício do verão, em 21 de junho), Leão, Virgem, Balança [Libra] (equinócio de outono, em 21 de setembro), Escorpião, Sagitário, Capricórnio (solstício de inverno, em 21 de dezembro), Aquário e Peixes. Esses signos são utilizados ainda hoje nos horóscopos de inúmeras revistas e jornais pelo mundo afora. Eles constituem o que designamos por zodíaco, do grego *zodiakos* – "círculo de animais". Carneiro, Touro, Leão, Escorpião, Peixes, uma grande parte das constelações do zodíaco fazem referência a animais. Na origem, os signos do zodíaco possuíam uma relação distante com as constelações do mesmo nome, mas os liames foram constantemente distendidos no correr do tempo. Cada zona do zodíaco recobre um ângulo de 30° no céu (isto é, 360 graus dividido por doze), enquanto hoje, por convenção, as constelações são definidas como cobrindo um ângulo menor de apenas dezoito graus; em compensação, na realidade, seus limites são irregulares e não bem definidos como os do zodíaco. Enfim, o número de signos do zodíaco em astrologia manteve-se fixado em doze, enquanto o das constelações aumentou gradualmente.

Mais da metade das 88 constelações que recobrem agora o céu tem uma origem muito antiga. Elas trazem os nomes de personagens da mitologia, Hércules, Perseu, ou nomes de animais, talvez devido ao mesmo impulso espiritual que levou os artistas das grutas de Lascaux e de Chauvet a representar animais. As estrelas que fazem parte da mesma constelação não são necessariamente próximas umas das outras no espaço. Elas são simplesmente brilhantes o bastante para serem vistas a olho nu, algumas se encontram por acidente na mesma linha de visão a partir da Terra. Tais estrelas podem ser intrinsecamente pouco luminosas mas aparecem brilhantes porque estão próximas da Terra, ou intrinsecamente luminosas, porém mais afastadas.

## Polaris, a Estrela do Norte

ASSIM COMO O Sol e a Lua, as estrelas – e, portanto, as constelações que elas formam – se levantam a leste e se põem a oeste. Se a aparência do céu muda assim durante a noite, não é devido ao movimento das estrelas, mas à rotação da Terra. Quanto às constelações, elas variam segundo as estações graças ao movimento anual da Terra em torno do Sol. Na escala de nossas vidas humanas de uma centena de anos, a forma das constelações não muda. Mas isso não quer dizer que sejam imutáveis. Na escala das vidas estelares – de milhões ou até de bilhões de anos –, a disposição das estrelas nas constelações se modifica. Não só porque as estrelas nascem, vivem e morrem, aparecem e desaparecem de uma constelação, mas também porque não são imóveis no céu; elas estão, ao contrário, em perpétuo movimento umas em relação às outras, a velocidades de dezenas de quilômetros por segundo, algumas abandonando uma constelação para entrar em outra. Assim, as constelações se dissolvem e se alteram lentamente no curso dos tempos cósmicos. Tudo só é impermanência.

Se tudo muda, tudo se mexe, o que acontece com Polaris? Continuará ela a indicar o Norte aos nossos descendentes, daqui a algumas dezenas de milhares de anos? A resposta é seguramente não, pois o eixo de rotação da Terra não é fixo. Por causa da interação gravitacional de nosso planeta com o Sol e a Lua, ele oscila. Os astrônomos denominam esse fenômeno de "movimento de precessão". Assim, há quatro mil anos, o eixo da Terra não estava apontado para Polaris, mas para uma outra estrela chamada Alfa, na constelação do Dragão. Em quatorze mil anos, nossos descendentes verão o eixo de seu planeta apontar para uma nova estrela, Vega, na constelação

A nebulosa de Órion a 1.400 anos-luz da Terra, fotografada pelo telescópio espacial Hubble.

" **A nebulosa de Órion é um imenso berçário onde nascem numerosas estrelas jovens e massivas.**

de Lira. Em todo caso, na escala dos tempos humanos,
o movimento de precessão é de tal modo insignificante que
os viajantes terrestres não correm o risco de perder o Norte
seguindo a Polaris. Mas quando se trata de fazer observações
astronômicas, é um outro caso: devo imperativamente levar em
conta o movimento de precessão do eixo de rotação da Terra
sob pena de não apontar corretamente meu telescópio para o
astro desejado.

## A Via Láctea

UM GRANDE ARCO luminoso atravessa o céu de um extremo a
outro. Sua cor esbranquiçada lembra a do leite: no ocidente
deram-lhe o nome de Via Láctea. Essa denominação provém
de um mito grego. Zeus, querendo tornar imortal o seu filho
Héracles, fê-lo mamar no seio da deusa Hera, enquanto ela
dormia. Acordada pela sucção, ela repeliu o pequeno e um jato
de leite divino se espalhou no céu formando a Via Láctea. No
Vietnã, país de imperadores e de princesas, de camponeses
e de poetas, o arco é conhecido sob o nome de Rio de Prata.
Conta-se que, de um lado e de outro de seus rios vive um dos
cônjuges Ngâu, separados pela vontade do imperador do Céu.

> E desde então, todos os dois olham por cima de um
> lençol luminoso: longe um do outro, eles não param
> de pensar um no outro. Uma vez por ano lhes é
> permitido que se encontrem: no sétimo mês, que se
> chama por isso mês de Ngâu. Toda vez que eles se
> encontram, Ngâu Lang e Chuc Nu vertem lágrimas
> de alegria; eles choram de novo quando chega o
> momento da separação. Essa é a razão pela qual as

NO CORAÇÃO DA NOITE

> chuvas caem tão abundantemente no sétimo mês,
> as *chuvas de Ngâu*.[1]

Essa visão poética está bem distante do olhar de um cientista sobre a Via Láctea. As investigações sobre sua natureza começaram desde que Galileu apontou uma luneta em sua direção em 1610. As inumeráveis estrelas oferecidas aos seus olhos maravilhados, multiplicaram-se no decorrer dos séculos seguintes à medida que os telescópios ficaram maiores. De século em século, a Via Láctea desvelou os seus segredos. No fim do século XIX, os astrônomos sabiam que se tratava de uma galáxia, isto é, de um conjunto de muitas centenas de bilhões de estrelas ligadas todas pela gravidade, girando todas sem descanso em torno do centro da Via Láctea. Uma grande parte dessas estrelas, dentre as quais o Sol, estão dispostas em uma estrutura em forma de um disco achatado de cem mil anos-luz de diâmetro e com uma espessura cem vezes menor. O trabalho de exploração consumado foi considerável, pois o sistema solar, com seu porte de apenas cinco horas-luz, não representa senão cem milionésimos do porte da galáxia. Medir toda Via Láctea a partir de nosso pequeno canto no sistema solar equivale à exploração de uma minhoca que tomaria consciência da extensão da França inteira.

---

1  Pham Duy Khiêm, *Légendes des terres sereines*,
   Paris: Mercure de France, 1989.

O Sol segue incansavelmente sua ronda nesse disco, arrastando a Terra com ele. Nosso planeta é como um barco espacial a bordo do qual viajamos sem cessar através do espaço interestelar da Via Láctea a uma velocidade de cerca de 790.000 quilômetros por hora. Desde o seu nascimento, o Sol, com seu cortejo de planetas, concluiu vinte vezes a volta da Via Láctea, gastando 220 milhões de anos para completar a sua revolução em torno do centro de nossa galáxia. De nosso ponto de vista como terráqueos, localizados no disco de nossa galáxia, este se nos aparece como uma delgada estrutura cheia de estrelas, de gás e de poeira que atravessa o céu, oferecendo-nos o maravilhoso espetáculo do arco da Via Láctea.

Onde está situado o nosso astro e onde estamos nós, pois, na imensidão do disco galáctico? No centro da Via Láctea, como queria o ego humano? Em 1543, Nicolau Copérnico (1473-1543) havia desferido um golpe terrível em nosso orgulho ao desalojar a Terra do seu lugar central no sistema solar, colocando aí o Sol. Daí em diante, os objetos celestes não giravam mais em torno da Terra e o cosmos não fora mais criado para os usos e benefícios únicos do homem. Esse não estava mais no centro da atenção de Deus. Cerca de quatrocentos anos mais tarde, o astrônomo estadunidense Harlow Shapley (1885-1972) demonstrou que não apenas a Terra não estava no coração do universo como tampouco o Sol: ele não era senão uma simples estrela de subúrbio, a uma distância de aproximadamente 27.000 anos-luz do centro da Via Láctea, a um pouco menos da metade da distância do centro à borda. O fantasma de Copérnico também foi atingido. Ele irá prosseguir o seu trabalho nos anos subsequentes, mas o ego humano jamais se confessou vencido. Se o Sol não está mais no centro do mundo, nossa galáxia deveria sê-lo. Em outras palavras, o universo inteiro deveria estar incluído na Via Láctea. Caramba! Os astrônomos descobriram nos dias de hoje que a Via Láctea é apenas uma galáxia entre as centenas de bilhões de galáxias – cada qual contendo centenas de bilhões de sóis – que povoam o universo observável. E esse não é o fim. Alguns físicos têm levado adiante a ideia de que nosso universo não é senão um universo entre uma infinidade de outros, o todo formando um vasto "multiverso". Os avanços científicos, portanto, reduziram a nada o lugar do homem no universo. Longe de ser o centro do mundo, seu planeta não é mais do que um pequeno grão de areia perdido no vasto oceano cósmico.

## As Cores da Noite

A NOITE CRIA em mim, invariavelmente, um estado muito particular, uma espécie de calma e de serenidade que apazigua o espírito. Quando deixo a sala de observação, que é bem iluminada, e saio do edifício que abriga o telescópio para me impregnar com a paz da noite, quando passo da luz para a escuridão, a paisagem noturna me parece, de início, indistinta. Mas, após um curto instante, me adapto ao negro da noite, os contornos se desenham e as formas tornam-se mais definidas. É extraordinária a capacidade dos olhos em enxergar, mesmo com uma luz tão reduzida! O olho é um instrumento fabuloso, aperfeiçoado pela evolução biológica, que dá possibilidade de nos comunicarmos com o mundo e de nele nos movermos.

Quando há luz, enxergamos o mundo em cores, faculdade essa que nos parece tão natural que quase não lhe damos nenhuma atenção. As cores trazem uma dimensão suplementar à nossa visão: é mais fácil distinguir dois objetos se forem de cores diferentes. A evolução biológica nos dotou de uma visão diferente da dos mamíferos; ao contrário de nós, eles não distinguem bem as cores. Assim, quando um toureiro agita um pano vermelho diante de um touro, ele excita os espectadores, mas não o animal. O toureiro provocaria a mesma arremetida do touro se agitasse diante dele um pano de cor cinzenta. Entre

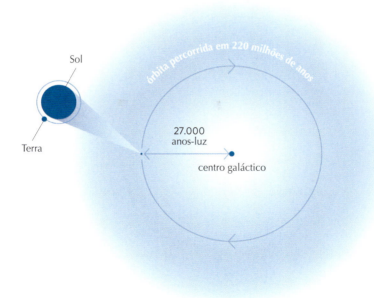

" As zonas escuras são devidas às faixas de poeira que bloqueiam a luz das estrelas no disco da Via Láctea.

Via Láctea vista do altiplano chileno em San Pedro de Atacama.

os mamíferos, é quase certo que somos os únicos, juntamente com nossos primos, os primatas, a tirar proveito de um mundo em cores. O mundo dos gatos e cachorros, em compensação, é de um cinza monótono e aborrecido: o azul do céu e do mar, o vermelho das papoulas do campo ou o verde das árvores lhes são desconhecidos. Curiosamente, numerosos animais, ditos inferiores, como os pássaros, os peixes, os répteis e os insetos (tais como as abelhas e as libélulas) possuem um sentido mais desenvolvido das cores. Assim, as galinhas e os pombos, e mesmo as pragas das casas, como as baratas, percebem o mundo colorido. Suas retinas têm até quatro tipos de pigmentos em lugar dos três que possuímos. Isso quer dizer que uma barata percebe um mundo mais rico em cores que os humanos? É claro que não, pois enxergamos ao mesmo tempo com nossos olhos e com nosso cérebro – a informação visual captada pelos fotorreceptores é encaminhada ao cérebro que a interpreta –, e nossas capacidades mentais são, ao contrário, mais desenvolvidas que as das baratas! Apesar de seus quatro pigmentos, as baratas são absolutamente insensíveis à cor vermelha. Assim, se elas invadiram a sua casa e você quiser descobrir seu ninho, uma boa tática será substituir as lâmpadas de sua casa por outras de luz vermelha: dessa maneira você poderá vê-las ao mesmo tempo que fica invisível para elas!

Essa sensibilidade da visão humana às cores depende dos fotorreceptores da retina que se encontram atrás do olho humano. Este registra as imagens à maneira de um filme ou de um detector eletrônico numa câmera fotográfica. Sua camada interna é composta de numerosos fotorreceptores de dois tipos: seis milhões de cones e um número consideravelmente maior de (mais ou menos 120 milhões) de bastonetes de forma cilíndrica. Eles estão separados espacialmente: os cones são mais numerosos na região central da retina, enquanto os bastonetes dominam nas regiões periféricas.

É graças aos cones que vemos o mundo em cores: eles nos revelam os suaves tons de um rosa ou o esplendor colorido das *Ninfeias* de Monet. Há três tipos, cada qual contendo um pigmento sensível a um colorido particular: o azul, o vermelho e o verde. É a combinação dessas três cores, ditas primárias, que nos oferece a maravilhosa paleta das cores que nos rodeiam.

## Cones e Bastonetes

A INTENSIDADE DA luz é importante para a eficácia dos cones. Quando isso não ocorre, são os bastonetes que entram em ação. Capazes de detectar uma luz muito mais fraca, são eles que assumem principalmente a tarefa da visão noturna quando não há mais luz suficiente para ativar os cones. Mas como os bastonetes são insensíveis às cores, as coisas fracamente iluminadas nos aparecem incolores. Mergulhadas na obscuridade, elas nos parecem negras. Durante os primeiros minutos, imersos na noite, meus olhos só podem distinguir as poucas estrelas mais brilhantes do céu. Elas parecem todas brancas. Porém, ao cabo de uma dezena de minutos, a abóboda inteira cintila com inumeráveis fontes luminosas. As estrelas são de tal maneira numerosas que tenho dificuldade em reconhecer o traçado familiar de certas constelações. As experiências demonstram que se permanecemos meia hora no escuro, nossos olhos distinguem objetos dez mil vezes menos iluminados que os imersos numa claridade normal. Essa fabulosa capacidade do olho de se adaptar à falta de luz, todos nós a experimentamos ao procurar um lugar vago em um cinema mergulhado na obscuridade. No início, não vemos praticamente nada. Mas ao cabo de alguns instantes as fileiras tornam-se muito mais visíveis. Essa maior sensibilidade ao negror da escuridão é devida à ampliação de nossa pupila, orifício pelo qual a luz penetra no olho. Sua abertura se ajusta em função da quantidade de luz recebida. Na obscuridade, a pupila pode se alargar e chegar a sete milímetros de diâmetro entre as pessoas jovens, capacidade essa que decresce até cinco milímetros com a idade. Em compensação, quando é exposta a uma luz brilhante, a pupila retrai até 3,5 milímetros entre os jovens. Desde que meus olhos estejam adaptados à escuridão, os cones se põem em ação e começo a perceber toques de vermelho, amarelo, laranja, azul e verde que colorem os pontos de luz no céu. Como os bastonetes dominam em número nas regiões periféricas da retina, para perceber objetos de fraca luminosidade aprendi a não olhar esses objetos diretamente, mas com o canto do olho a fim de que a luz incida sobre os bastonetes, muito mais sensíveis a uma luz de fraca intensidade. Pratiquei muitas vezes essa técnica da "visão periférica" por ocasião dos meus primórdios na astronomia nos anos 1970, quando as imagens dos objetos celestes não eram ainda retransmitidas pela magia da eletrônica sobre uma tela de televisão, e quando o astrônomo ainda olhava diretamente, como se fosse um binóculo, pelo telescópio a fim de estabelecer as referências das estrelas ou das galáxias de fraco brilho.

## Pintar um Céu Estrelado

*A NOITE ESTRELADA* (1889), de Vincent van Gogh, que tive a chance de admirar muitas vezes no MOMA (Museu de Arte Moderna), em Nova York, me vem à memória. O pintor representou na tela o céu noturno acima da cidade adormecida de Saint-Rémy-de-Provence. É a paisagem que ele revela a partir de seu quarto no asilo onde estava internado: uma magnífica sinfonia de cores. O verde-escuro dos ciprestes no primeiro plano, o azul profundo do céu, o amarelo da Lua e o amarelo misturado de azul e branco das estrelas. O céu noturno aqui é tudo menos desbotado e monótono. Sem dúvida, o pintor inspirou-se em sua imaginação para criar esse céu, mas creio igualmente que ele também se serviu de suas lembranças das noites escuras. Noites sem luz artificial em que o olho se adapta e desperta progressivamente para as cores. Em uma carta endereçada à sua irmã, Wilhelmina, em setembro de 1888, ele escreve: "Agora quero muito pintar um céu estrelado. Muitas vezes me parece que a noite é ainda mais ricamente colorida que o dia, colorida de violetas, de azuis e de verdes mais intensos. Quando você prestar atenção ao céu verás certas estrelas acitrinadas, outras com lampejos rosas, verdes, azuis e miosótis. E sem insistir em demasia, é evidente que, para pintar um céu estrelado, não basta apenas colocar pontos brancos no negro azulado."

Eu também, em Mauna Kea, vejo esses lampejos coloridos.

Claude Monet, *Ninfeias* (detalhe).

A noite ressona acima da terra e se agita

em um sonho atroz. Pensamentos, desejos mal

suspeitos, perturbados e disformes,

que se dissimulavam timidamente à luz do dia,

recebiam agora figura e relevo e se esgueiravam

como ladrões na morada silenciosa do sonho.

Eles abrem as portas, olham pelas janelas,

se encarnam pela metade.


[Georg Büchner, *A Morte de Danton*.]


## As Ameaças da Noite

AS HORAS SE escoam. A noite avança. Para o meu grande alívio, o céu continua desobstruído, e o tempo, estável. Consulto regularmente no *site* da Nasa as fotografias tiradas do céu da região do Havaí e de suas cercanias. Essas fotos são enviadas quase em tempo real do espaço por um satélite meteorológico. Elas permitem verificar o tempo reinante na Terra, não importa onde nem quando. Essas fotografias do espaço me trazem notícias tranquilizadoras. A região está livre de qualquer nuvem graças a uma zona anticiclônica de alta pressão que domina a região e evita o mau tempo. Não apenas essa noite irá ser boa, mas também as duas seguintes. Sigo meu programa de trabalho. Já foram observadas cinco galáxias azuis compactas. A tela exibe os espectros de cada galáxia: eles não são contínuos, mas hachurados com numerosas raias verticais. A disposição dessas raias no espectro me revela a natureza dos elementos químicos que compõem a galáxia. Todos os espectros exibem raias de emissão de hidrogênio atômico. É natural: o hidrogênio é o elemento mais abundante no universo – ele constitui os três quartos de sua massa – e, portanto, também nas galáxias que estudo. Alguns espectros exibem raias de fraca luminosidade de hidrogênio molecular e de ferro. O estudo de tais raias me esclarece acerca das propriedades físicas do gás, sua temperatura e sua densidade, e me permitirão compreender melhor como esse gás colapsou gravitacionalmente para formar as numerosas estrelas jovens e massivas presentes nas galáxias azuis compactas. Dedicarei um estudo mais aprofundado a esses objetos no meu retorno à universidade.

Enquanto o telescópio continua a coletar a luz de outra galáxia indicada em minha lista, saio para fazer um passeio. A noite tornou-se uma presença amiga e reconfortante desde quando frequento os observatórios. Antes não era assim. A noite para mim transbordava de ameaças.

Quanto mais andavam, mais se afastavam e se embrenhavam na floresta. A noite veio e surgiu uma enorme ventania que lhes provocava medos terríveis. Acreditavam ouvir de todos os lados uivos de lobos que viriam devorá-los. Não ousavam conversar nem virar a cabeça.

[Charles Perrault, *O Pequeno Polegar*.]

Morei durante os dezoito primeiros anos de minha existência em meu país natal, o Vietnã, em uma atmosfera de guerra. Vim ao mundo em 1948, em Hanói, em uma família com bons estudos, bem letrada, enquanto a ocupação japonesa do Vietnã chegava ao fim e os franceses tentavam repor a mão sobre a sua antiga colônia. A guerra de independência empreendida por Ho Chi Minh e seus companheiros contra os franceses se alastrava furiosamente. Ela só chegou ao fim em 1954, com a derrocada militar das forças francesas diante do Việt Minh (Liga Pela Independência do Vietnã) em Dien Bien Phu. O Vietnã foi então dividido em dois, o Vietnã do Norte, sob o regime comunista de Ho Chi Minh, e o do Sul, apoiado pelos Estados Unidos. Meu pai, alto funcionário no antigo governo do Norte, tomou a decisão de mudar-se para o Sul com sua família. Não havia escolha: se permanecesse, corria o risco de ser perseguido ou ser executado pelos comunistas. Assim, cresci em Saigon, a capital do Vietnã do Sul, como um adolescente feliz e, no final das contas, normal, apesar de uma nova guerra, muitas vezes chamada de "segunda guerra da Indochina", que rapidamente se desenhou no horizonte. Iniciada nos primórdios de 1955 como uma guerra interna entre o Norte, cujo objetivo era o de reunir o país inteiro sob o cajado comunista, e o Sul, que lhe resistia, acabou degenerando em um confronto entre o Vietnã do Norte e os Estados Unidos. O conflito só terminou em 1975, após a retirada das tropas estadunidenses, com a invasão do Vietnã do Sul pelas forças do Norte e a unificação do país sob um regime comunista.

## O Barulho das Bombas

TRINTA ANOS ININTERRUPTOS de guerra me deram uma visão bem particular da noite. Para mim, ela era perigosa. Era impossível passear à noite no campo sem ter medo. Medo de surgir a qualquer momento comandos de soldados ou de ser detido por uma batalha campal no caminho. Em algumas noites, eu podia ouvir o barulho de um rosário de bombas que os B52 derramavam sobre a floresta e sobre o campo, lugares de refúgio dos comunistas. Então a terra tremia, as vidraças vibravam e a noite avermelhava no horizonte. Naqueles anos, em meu espírito, a noite estava associada muitas vezes à morte. Após a minha formatura em Saigon, em 1966, quando parti pela primeira vez para o exterior, para a Suíça, a fim de iniciar meus estudos universitários em Lausanne, fui surpreendido pelo indizível sentimento de segurança que eu sentia na noite helvética. Durante os primeiros meses, espantava-me poder caminhar à noite em paz, sem medo das balas perdidas. Pouco a pouco, descobri que a escuridão podia não ser ameaçadora.

## Iluminar a Noite

NÃO SOU O único a ter sentido medo da noite. No imaginário humano, ela é povoada por fantasmas, vampiros e lobisomens. Houve um tempo, imemorial, em que nossos ancestrais tinham de enfrentar perigos reais, predadores escondidos na escuridão. Para conjurar esse medo, o homem inventou a luz artificial. A conquista do fogo, há quinhentos mil anos, foi uma primeira etapa: as fogueiras dos campos não tinham só por função afastar os predadores noturnos, sua claridade permitia também ao homem pré-histórico prolongar artificialmente sua jornada e dedicar-se às suas tarefas até tarde da noite. As tochas e os archotes, que produziam luz artificial, queimando gorduras animais e óleos vegetais, assumiram a função de iluminar a noite até a entrada das velas, e depois vieram as lâmpadas, na era moderna. Entre trinta mil e onze mil anos, artistas criavam as maravilhosas pinturas rupestres nas paredes das grutas de Chauvet e de Lascaux, à luz de candeeiros talhados em calcário. Por volta do ano de 1400 antes de nossa era, os egípcios reverenciavam Ra, o Deus Sol, com candeeiros de bronze ou de terracota que queimavam óleo de oliva. As velas de cera entraram em uso muitos séculos antes de Jesus Cristo. De início, utilizadas exclusivamente em rituais religiosos, tornaram-se a principal fonte de iluminação artificial a partir da Idade Média. No século XVIII, a técnica se aperfeiçoa, os candeeiros são mais eficazes. Eles invadem as cidades e iluminam as suas ruas. Paris é a Cidade-Luz. A partir de 1880, os dispositivos de iluminação a óleo e a gás são destronados pela eletricidade. A invenção de Thomas Edison (1847-1931) altera completamente a situação e muda radicalmente o aspecto das cidades e o modo de vida urbano. As ruas tornam-se mais seguras. A atividade humana não para mais com o cair da noite. A luz artificial transforma a noite em dia. O homem pode doravante nascer, viver e morrer em um banho contínuo de luz, natural e artificial.

## A Luz Artificial

TODAVIA, A LUZ ARTIFICIAL também empobreceu de modo considerável a nossa relação com o mundo em certos aspectos. Ela nos dissociou de nosso ambiente, fato que para mim constitui uma perda considerável. Como nossa iluminação não obedece mais aos ritmos do Sol e da Lua, perdemos o contato íntimo que nossos antigos ancestrais possuíam com o céu e a natureza. O brilho dos neons e de algumas lâmpadas incandescentes nas cidades privou o homem urbano desse magnífico espetáculo que é a abóboda estrelada. Mais de 80% da população mundial vive sob um céu inundado pela luz artificial. Em lugar dos milhões de estrelas resplandecentes com todas as suas luzes, o cidadão não pode mais distinguir a olho nu senão uma vintena de estrelas. Um terço da humanidade não poderá jamais apreciar o mágico espetáculo do arco da Via Láctea. As crianças das cidades não levantam mais seus olhos para o céu. Convém, no entanto, nutrir esse liame com o cosmos e não destruir essa ligação.

Mas até os observatórios não são poupados desse flagelo. A expansão contínua das grandes cidades destrói pouco a pouco o espaço em torno desses sítios privilegiados em que o homem pode ainda entrar em contato com o cosmos. Assim, a poluição luminosa das aglomerações urbanas é tal que ela impede de ver os objetos menos brilhantes. Corta meu coração

Georgia O'Keeffe, *City Night*.

# NO CORAÇÃO DA NOITE

constatar que o Observatório do Monte Wilson, nos arredores de Los Angeles, berço da cosmologia moderna, lá onde o astrônomo estadunidense Edwin Hubble descobriu, em 1923, a natureza das galáxias e, em 1929, a expansão do universo, estabelecendo assim as bases da teoria do Big Bang, não pode mais ser utilizado para observar as galáxias distantes de tanto que são cegantes as luzes da cidade dos Anjos. Pior que Los Angeles é Las Vegas, onde os néons erradicaram a noite. Nas fotos da Nasa, ela aparece como o ponto mais brilhante da Terra.

**Uma cidade como Las Vegas foi inteiramente construída para vencer a noite.**
**O ruído incessante dos caças níqueis, a orgia das luzes elétricas, a espetacularização de cada instante pretende vencer aquilo que há de não hospitaleiro na obscuridade. [...]**

**Esses artifícios reduzem a nada as chances de ser reconfortado pelo céu estrelado: para vê-lo é preciso se dirigir ao deserto que cerca a cidade.**

[Michaël Foessel, *A Noite: Vivendo Sem Testemunhas.*]

## Reservas de Céu Estrelado

A FIM DE preservar a escuridão do céu para os astrônomos e outros amantes dos astros, com a intenção de que as gerações futuras possam saber o que é um céu fulgurante com milhões de fontes luminosas, nasceu a ideia de se estabelecer reservas internacionais de céu estrelado. O objetivo é proteger as circunvizinhanças dos observatórios das agressões da luz artificial; por meio de zonas tampão, a poluição luminosa seria rigorosamente controlada. Assim, a primeira reserva de céu estrelado do mundo foi estabelecida em Quebec, no ano de 2007: uma zona de 5.500 quilômetros quadrados em um raio de 50 quilômetros foi traçada em torno do Observatório do Monte Megantic. Em menos de um decênio, o observatório pôde assegurar o sustento de quase uma vintena de cidades dos arredores e convencer o poder público, os empreendedores e os cidadãos dos benefícios de uma noite estrelada.
Os comerciantes, as indústrias e os particulares entraram no jogo. As municipalidades substituíram sua iluminação de rua por dispositivos menos potentes, porém mais eficientes, acarretando importante economia de energia e uma redução da poluição luminosa em cerca de 35%. No total, mais de 3.300 luminárias foram substituídas. Os resultados não se fizeram esperar: o céu estrelado recuperou seu esplendor de antanho. Além de fazer economias consideráveis de energia, os habitantes da reserva de céu estrelado tiveram a grande satisfação de poder oferecer aos seus filhos uma das experiências mais poderosas, qual seja: observar um céu repleto de estrelas. Esse exemplo mostra de maneira evidente que se uma comunidade está convencida do valor espiritual e científico da noite escura e atua, consequentemente, para

Amédée Ozenfant, *Uma Rua, a Noite*.

limitar a poluição luminosa, não é necessário viajar milhares de quilômetros, como ir ao cume do vulcão Mauna Kea, no meio de Pacífico, ou ir ao deserto do Atacama, no Chile, para contemplar um céu estrelado em toda sua beleza. Um projeto similar foi lançado na França em 2009 para preservar o Observatório do Pico do Midi, nos Pirineus. Essa reserva diz respeito a quarenta mil pontos luminosos que deverão tornar a iluminação de 251 comunas mais eficaz e mais econômica, dentre as quais Lourdes, para 87.500 habitantes – ou seja, para cerca de 65% do Departamento dos Altos-Pirenéus.

Porém, a maioria de nós não mora perto de uma reserva de céu estrelado. Isso não quer dizer que não podemos encorajar nossos eleitos para lutar contra o flagelo da poluição luminosa, sem, contudo, eliminar os benefícios incontestáveis da iluminação artificial – uma segurança acrescida e a possibilidade de realizar tarefas noturnas, se assim desejarmos. Nas zonas urbanas, a poluição luminosa é devida principalmente às luminárias apontadas para o céu em lugar de serem dirigidas ao solo, criando um halo luminoso acima das cidades, escondendo o céu. Com quebra-luzes e luminárias direcionadas, ampolas a vapor de sódio e um temporizador de luz para iluminar somente quando necessário, poderemos chegar ao fim do desperdício de energia e contribuir para desacelerar o aquecimento do planeta, com a eletricidade produzida a partir de energia fóssil. Terá tido o homem a sabedoria de refrear seu desejo insaciável de construir e de iluminar, de modo que nossos filhos possam ainda contemplar o céu em todo seu esplendor?

Eu havia projetado, certo ano,

ir contemplar [a Lua] de barco,

na décima quinta noite, sobre o lago

do Monastério de Suma; convidei, pois,

alguns amigos e para lá fomos munidos

de provisões, para descobrir que havia

dependuradas por toda parte do lago alegres

guirlandas de lâmpadas multicoloridas;

a Lua também estava lá, no encontro,

mas se poderia dizer que ela

não mais existia.

[Tanizaki Junichirô, *Elogio à Escuridão.*]

## Fauna e Flora Noturnas

A LUZ ARTIFICIAL não prejudica apenas os astrônomos e os amantes do céu estrelado. Ela desestabiliza também a fauna e a flora. Ao menos 30% dos vertebrados e 60% dos invertebrados são animais noturnos; a maior parte dos outros são espécies crepusculares. Quando dormimos, no calor e na segurança de nossos leitos, há lá fora todo um mundo da noite que fervilha e se entrega às mais diversas atividades: migração, acasalamento, alimentação, polinização etc. Em suma, tudo aquilo que faz com que a biodiversidade exista. Com a poluição luminosa, essas espécies perdem seu sentido de orientação, seus ritmos circadianos, calcados precisamente sobre as 24 horas do dia e da noite, seus ciclos de reprodução ficam perturbados e se tornam mais vulneráveis aos seus predadores, o que desordena o equilíbrio ecológico. Os pássaros migratórios são suas primeiras vítimas. A iluminação noturna faz com que percam seus referenciais celestes. O número de pássaros mortos a cada ano nos Estados Unidos, por causa da colisão com as vidraças dos imóveis em seus percursos migratórios, atinge cem milhões de aves. A poluição luminosa pode também confundir o deslocamento de certas espécies de polinizadores como as borboletas noturnas. Esse fato tem consequências diretas sobre a flora que necessita dessa polinização para proliferar. Até os pirilampos são atingidos: a luz artificial anula o efeito fluorescente da fêmea, impedindo a sua localização e a possibilidade de ser fecundada pelo macho. A iluminação noturna perturba ecossistemas inteiros. Nos lagos, uma claridade excessiva pode levar o zooplâncton a parar de se nutrir de algas que imediatamente se proliferam; a atividade bacteriana cresce, a água do lago empobrece em oxigênio e asfixia numerosas espécies de invertebrados e peixes.

### CORUJA

s.f. Ave de rapina noturna de cabeça arredondada e faces achatadas, da qual existem numerosas espécies (mocho, galego etc.). A coruja pia.

### MORCEGO

s.m. Mamífero voador, em sua maioria insetívoro, move-se por ecolocalização e repousa ou hiberna em lugares escuros e úmidos.

### NOCTILUCA

s.m. (do latim noctilucus scintillans, que brilha à noite). Protozoário luminescente, às vezes tão abundante no plâncton que torna o mar fosforescente à noite.

### NÓCTUA

s.f. (do latim noctua, coruja) Mariposas cujas lagartas frequentemente são nocivas. Família das noctuidades.

### NOCTUIDADE

s.f. Mariposa com muitas espécies, cujas lagartas costumam causar danos significativos às plantações.

### NICTALOPIA

s.m. Dificuldade de enxergar à noite observada em certos animais e em alguns indivíduos humanos.

### PÁSSARO DA NOITE

s.m. Ave de rapina que se esconde de dia e caça à noite. No sentido figurado, pessoa que vive à noite.

" Terá o homem a sabedoria de refrear seu desejo insaciável de construir e iluminar para que nossos filhos possam ainda contemplar o céu?

A poluição luminosa vista do espaço.

Amar a noite, habituar-se a ela, habitá-la, é também celebrar a fauna e a flora de nosso planeta. É render homenagem ao grande ritmo da Natureza. Glorificar a fabulosa aventura da Criação. É proteger a emoção eminentemente poética e espiritual que nos liga ao universo.

## O Silêncio da Noite

A NOITE NÃO é apenas a ocasião em que as formas se esfumam e as cores se aniquilam. Como que para compensar a visão que se enfraquece por causa da falta de claridade, os outros sentidos são ativados. O sentido do tato se aviva, às apalpadelas avançamos na escuridão para evitar os obstáculos. Mas é a audição que mais se aguça à noite. Ela amplia os sons e as ressonâncias. O ruído insignificante de um estalar de madeira captura a nossa atenção, inspira o medo, enquanto ele passaria despercebido no barulho do dia. Um simples evento do cotidiano assume, à noite, dimensões de um drama. O silêncio é magnífico à noite. "Existem lugares privilegiados onde o silêncio impõe sua sútil onipresença, lugares nos quais se pode, de modo particular, operar a sua escuta, lugares em que, amiúde, o silêncio surge como um ligeiro e doce ruído, contínuo e anônimo", escreve Alain Corbin. São os sons do silêncio: "O som é quase semelhante ao silêncio: é na superfície do silêncio que uma bolha rebenta imediatamente", diz Henry David Thoreau.

Junto com a noite que cai, instala-se um silêncio enfeitiçado. Experimento quase fisicamente, quando me encontro nos observatórios empoleirados ou perdidos nas vastidões desérticas, a sensação inebriante de um espaço sem limites. Do alto desses observatórios, a vista parece se perder no infinito. À noite amalgama-se em mim um sentimento indizível de infinito e uma sensação vertiginosa de conexão cósmica. A abóboda estrelada me aparece tão próxima que tenho a impressão de flutuar no espaço, como se bastasse apenas estender a mão para colher as estrelas do céu. Esse infinito do espaço noturno está ligado ao silêncio envolvente que plana sobre todo o local.

O silêncio de uma noite com Lua tem uma densidade particular. Proust fala de uma música do luar: "Ele entra na vida uma hora [...] em que os olhos não toleram mais que uma luz, a de uma bela noite [...] em que os ouvidos não podem mais escutar música que não seja a executada pelo luar na flauta do silêncio."

A noite disfarça as formas, dá horror aos ruídos;
o de uma folha no fundo de uma floresta
basta para pôr a imaginação em cena;
a imaginação sacode vivamente as entranhas,
tudo fica exagerado. O homem prudente
põe-se a desconfiar, o covarde se detém,
treme ou foge; o bravo coloca a mão
na guarda de sua espada.

[Denis Diderot, *Salão de* 1767.]

Magritte, *O Anel de Ouro*.

Os observatórios fazem parte, seguramente, desses lugares de exceção onde o silêncio assume uma dimensão toda particular. Esse silêncio eu o percebo mais intensamente à noite, quando todas as equipes técnicas que trabalharam de dia no observatório para assegurar e verificar o bom funcionamento dos telescópios saíram do cume, deixando apenas aos astrônomos o papel de captar a cintilação da luz celeste e o silêncio dos céus. Na noite, adivinho as formas das cúpulas que abrigam os telescópios e a paisagem lunar que me envolve. O meio ambiente árido em que me encontro, sem árvores nem plantas, está envolto por um estranho silêncio. Não se ouve a multidão de pequenos ruídos que animam as noites do campo, os dos pássaros, das rãs nos charcos ou das folhas. Os cones vulcânicos são, ao contrário, profundos poços de silêncio. Um único ruído perturba o silêncio da noite: o roncar do motor que guia o telescópio a fim de seguir precisamente o mesmo objeto celeste ao longo de sua trajetória. De tempos em tempos junta-se a esse ruído o barulho da rotação da abóboda, cuja abertura que permite a luz celeste adentrar no telescópio deve também seguir o movimento do objeto celeste observado.

Escuto, graças às minhas peregrinações pelos vários observatórios do mundo, uma grande paleta de silêncios noturnos. O mais imponente deles é o do deserto. Eu o senti no Observatório de Kitt Peak, empoleirado sobre uma montanha a dois mil metros de altura no deserto do Arizona, em meio de uma reserva indígena: a imensidão do deserto exalta o sentimento do espaço sem limites. "A noite é sublime, o dia é belo", dizia Emmanuel Kant. Se a noite é sublime, é porque ela desperta nossos sentidos para nos unir ao universo.

## Todos Filhos das Estrelas

A ASTROFÍSICA MODERNA pôs em evidência a íntima conexão do homem com o universo: sou feito de poeira das estrelas, como toda a vida e o mundo material que me cerca. Todos somos compostos de átomos fabricados no início do universo, por ocasião do Big Bang, e depois pelas estrelas. Os átomos de hidrogênio e de hélio, os dois elementos mais leves e mais simples da natureza, constituem 98% da massa total da matéria comum do universo, e foram produzidos durante os três primeiros minutos que se seguiram à explosão primordial. Mas o universo do início não podia fabricar elementos mais pesados e mais complexos pois sua expansão afastava inexoravelmente os constituintes da matéria (prótons e nêutrons) uns dos outros e os impedia de se encontrarem e se fundirem. Se o universo tivesse parado aí, não estaríamos aqui para discutir esse assunto. As cadeias de DNA, em dupla hélice, que contêm o código genético e as centenas de bilhões de neurônios de nosso cérebro necessitam de elementos muito mais complexos que o hidrogênio e o hélio para se constituir.

O universo inventa então as estrelas: enormes bolas gasosas que vêm ao mundo algumas centenas de milhões de anos após a explosão primordial, e que, no seu núcleo denso e quente, vão fundir prótons e nêutrons para fazer vir ao mundo elementos químicos mais complexos, o carbono, o oxigênio, o nitrogênio que, com o hidrogênio, formarão mais de 90% dos átomos de nosso corpo. Nascem também outros elementos vitais para o nosso bem-estar: o sódio, o magnésio ou ainda o cálcio. Mas as estrelas são incapazes de fabricar toda panóplia de elementos e não podem produzir elementos químicos mais pesados que o ferro. Essa tarefa fica a cargo das supernovas, explosões gigantescas resultantes da morte de estrelas ao menos dez vezes mais massivas que o Sol, que liberam, durante alguns dias, tanta energia quanto uma galáxia inteira de cem bilhões de estrelas. No curso dessa agonia explosiva, uns sessenta elementos vieram ao mundo: do ouro e da prata, companheiros do luxo e da riqueza, passando pelo mercúrio que guarnece os termômetros, chegando ao urânio que compõe as bombas atômicas. Assim, somos todos filhos das estrelas. Nós todos somos parte de uma mesma genealogia cósmica que remonta a 13,8 bilhões de anos. Irmãos dos leões das savanas e primos das flores da lavanda, trazemos todos, em nós, a história cósmica.

## O Pêndulo de Foucault

A ASTROFÍSICA NOS ensina, pois, que somos interdependentes. Tudo no universo está ligado, nos forçando a ultrapassar nossas noções habituais de espaço. O universo possui uma ordem global e indivisível, tanto na escala do infinitamente grande quanto na do infinitamente pequeno. Uma célebre experiência física, a do Pêndulo de Foucault, confirma isso também. O físico Léon Foucault (1819-1868) queria demonstrar não apenas que o universo é indivisível, mas também que a Terra gira sobre ela mesma. Em 1851, em um experimento, que é agora reproduzido em muitos museus de história natural pelo mundo afora, o físico suspendia um pêndulo na abóboda do Panteão de Paris (o pêndulo original está exposto no Museu de Artes e Ofícios de Paris). O comportamento do pêndulo é extraordinário: uma vez lançado, seu plano de oscilação gira em torno de um eixo no correr das horas. Se for lançado na direção Norte-Sul, ao cabo de algumas horas oscilará na

## NO CORAÇÃO DA NOITE

direção Leste-Oeste. Se estivermos nos polos, o pêndulo fará uma volta completa em exatamente 24 horas. Em Paris, devido a um efeito de latitude, ele só cumpre uma fração de volta em um dia. Por que a direção do pêndulo muda? Foucault deu a resposta correta: o movimento é apenas aparente. O plano de oscilação do pêndulo permanece fixo, é a Terra que gira. E Léon Foucault parou por aí. Mas sua resposta é incompleta, pois um movimento não pode ser descrito senão em relação a algo que não se move. O movimento não existe em si, mas em relação a um referencial fixo. É o que denominamos de "princípio da relatividade" descoberto por Galileu e levado ao ponto mais alto três séculos mais tarde por Einstein.

## Cada Parte Traz em Si o Todo

O PLANO DO pêndulo é fixo, mas fixo em relação a qual referencial? Que objeto determina o seu comportamento? Para obter a resposta, orientemos o plano de nosso pêndulo para os objetos astronômicos conhecidos. Se um objeto celeste é responsável pela orientação do plano de oscilação do pêndulo, ele deverá estar nesse plano, logo, está nele fixado. Em compensação, se o movimento do pêndulo não for determinado por esse objeto, ele acabará derivando para fora do plano. Orientemos o plano do pêndulo para o Sol. Durante o périplo diário de nosso astro no céu – movimento aparente devido à rotação da Terra – o plano de oscilação do pêndulo parece girar para seguir o seu movimento. Será o Sol que determina o plano de oscilação de nosso pêndulo? Não, porque o nosso astro sai perceptivelmente do plano de oscilação após algumas semanas. As estrelas mais próximas, situadas a muitos anos-luz, fazem o mesmo após alguns anos. A galáxia Andrômeda, situada a 2,3 milhões de anos-luz, afasta-se menos mas acaba por sair do plano. O tempo passado no plano se alonga, e a deriva tende a zero à medida que os objetos testados vão ficando mais afastados. É somente quando o pêndulo está orientado para o conjunto das galáxias mais afastadas, situado a bilhões de anos-luz, nos confins do universo conhecido, que ele não se afasta mais em relação ao plano de oscilação do pêndulo.

É notável a conclusão que se tira dessas experiências: o Pêndulo de Foucault ajusta o seu comportamento não em função de seu ambiente local, mas em função das galáxias mais afastadas, ou mais exatamente do universo inteiro, pois a quase totalidade da massa visível do universo se encontra não nas estrelas próximas, mas nas galáxias distantes. Em outros termos, aquilo que se trama entre nós se decide na imensidade cósmica. O que se passa sobre nosso minúsculo planeta depende da totalidade das estruturas do universo! O Pêndulo de Foucault nos obriga a constatar que há no universo uma interação de uma outra natureza que as descritas pela física conhecida, uma interação que não faz intervir nem força nem troca de energia, mas que liga o universo na sua inteireza. Cada parte traz em si a totalidade, e de cada parte depende todo o resto. Em outras palavras, tudo está ligado.

" A astrofísica moderna pôs em evidência a íntima conexão do homem com o universo: sou feito do pó das estrelas, do mesmo modo que toda a vida e o mundo material que me cercam.

Andrômeda, a 2,3 milhões de anos-luz, é a galáxia espiral mais próxima da Via Láctea.

## Nossa Felicidade Depende
## da Felicidade dos Outros

A INTERDEPENDÊNCIA NÃO se manifesta exclusivamente na escala do infinitamente grande, ela rege também o mundo infinitamente pequeno. Uma célebre experiência proposta em 1935 por Einstein e dois de seus colegas, Boris Podolsky e Nathan Rosen, nos impôs também ultrapassar as noções habituais de espaço na escala subatômica. O Experimento EPR (segundo as inicias dos três físicos), realizado quase cinquenta anos depois, demonstrou que se duas partículas de luz (ou fótons) A e B interagiram no passado (eles são chamados de "entrelaçados"), esses fótons farão sempre parte de uma mesma e única realidade global, mesmo que venham a ser separados e se encontrarem em duas extremidades opostas do universo – seu comportamento é sempre perfeitamente correlacionado. Em outros termos, um fóton de um par entrelaçado "sabe" sempre instantaneamente o que faz o seu homólogo, sem nenhuma comunicação informativa. A física clássica nos diz, todavia, que os comportamentos de A e B deveriam ser totalmente independentes pois estão muito afastados um do outro para poderem se comunicar por sinais luminosos. Como explicar então o fato de B "saber" sempre instantaneamente o que A faz? Isso só será incompreensível se supormos que a realidade é fragmentada e está localizada em cada um dos fótons. O paradoxo deixa de existir se admitirmos que A e B, tendo interagido no passado, fazem parte de uma realidade global, qualquer que seja a distância que os separe, mesmo que se encontrem nas duas extremidades do universo. A não precisa enviar um sinal para B pois ambos fazem parte de uma mesma realidade. Os dois fótons permanecem constantemente em relação por meio de uma misteriosa interação. A experiência EPR confere assim um caráter holístico ao espaço. Ela elimina toda ideia de localidade: as noções de "aqui" e de "lá" não têm mais sentido, pois "aqui" é idêntico a "lá". Os físicos denominam isso de "não separabilidade" do espaço.

Saber que somos interdependentes, todos conectados através do espaço e do tempo, tem uma consequência ética profunda que toca nosso sentimento de compaixão e de empatia. O muro que nosso espírito ergueu entre "mim" e o "outro" é somente ilusão; nossa felicidade depende da dos outros. O magnífico afresco histórico comum de nossas origens que se estende sobre um tempo de cerca de 14 bilhões de anos deveria aguçar nossos sentidos para uma responsabilidade universal, nos incitar a juntar nossos esforços para resolver os problemas da pobreza, da fome, da doença e de qualquer outra calamidade que ameaça a humanidade e o planeta. Ele deveria delinear um traço de união entre todos os homens de boa vontade.

O universo inteiro está contido em um grão de areia, pois a explicação dos fenômenos mais simples faz intervir a história inteira do cosmos.

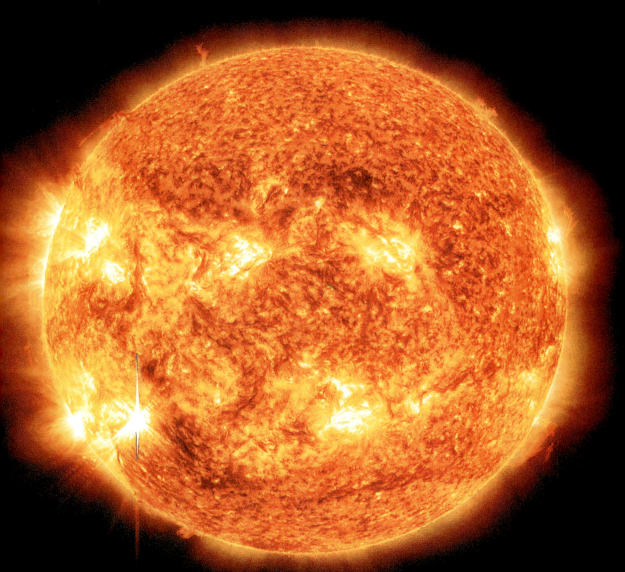

" A estrela Sol é uma imensa bola gasosa com um raio 109 vezes superior ao raio da Terra.

Ver um universo em um grão de areia
E um paraíso numa flor selvagem
Ter o infinito na palma da mão
E a eternidade em uma hora.

[William Blake, *Augúrios da Inocência*.]

## A Impermanência do Mundo

ENVOLTO NO SILÊNCIO da noite, sob a abóboda celeste resplandecente de estrelas, sinto um imenso sentimento de paz e de doçura me invadir, bem longe do ruído e da violência do mundo, da agitação contínua que caracteriza nossas vidas contemporâneas. As estrelas aparecem como símbolos de constância e de perenidade. Elas nos ligam a uma forma de eternidade. Contudo, essa impressão de perenidade é enganosa. Ao contrário, a cosmologia moderna nos ensina que o universo não é imutável, mas está em perpétua mudança. Nascido de uma fantástica explosão há 13,8 bilhões de anos, a partir de um estado extremamente pequeno, quente e denso, ele não parou de se dilatar e esfriar. Espaço novo é criado a cada instante entre os aglomerados de galáxias, afastando-as cada vez mais umas das outras, como as passas de um bolo que cresce no forno. Após a teoria do Big Bang, sabemos que o universo tem um passado, um presente e um futuro. Ele morrerá um dia sob um frio glacial. E não apenas o universo está em constante evolução, mas tudo o que ele contém também está. Dos planetas às estrelas, das galáxias aos conglomerados de galáxias, tudo muda. As estrelas nascem, vivem e morrem;

só que seus ciclos de vida não se medem em uma pequena centena de anos como uma vida humana, mas em milhões, ou melhor, em bilhões de anos. Assim, o Sol está em sua meia-idade: ele nasceu faz 4,5 bilhões de anos e morrerá também em aproximadamente 4,5 bilhões de anos. Como essas durações de tempo são inconcebivelmente longas, temos a impressão de que nada muda, daí o sentimento de perenidade celeste. Até mesmo mentes brilhantes como Aristóteles se deixaram levar por essa impressão. O filósofo grego pensava que o céu era o domínio de Deus e só poderia ser perfeito. Então nada poderia mudar porque o perfeito não pode ser aperfeiçoado. O prestígio do filósofo grego era tal, que a ideia da imutabilidade durou algo em torno de vinte séculos.

Não só tudo muda, mas tudo se mexe também. Todas as estruturas do universo – planetas, estrelas, galáxias ou conglomerado de galáxias – estão em movimento perpétuo e participam de um imenso balé cósmico. Todavia, nada parece mudar de lugar na paisagem noturna que me cerca. A calma e a tranquilidade reinam. Ao mesmo tempo que sinto esse imenso sentimento de paz, sei que a Terra me convida para sua dança. Ela me arrasta de início com 0,436 quilômetros por segundo ao girar em volta dela mesma. A seguir me transporta através do espaço a trinta quilômetros por segundo na sua volta anual em torno do Sol. Este leva consigo, por sua vez, a Terra no seu périplo em torno da Via Láctea a 220 quilômetros por segundo. A Via Láctea acomete a noventa quilômetros por segundo na direção de sua companheira Andrômeda, atraída pela sua gravidade. E ainda não acabou. O conjunto que contém a nossa galáxia e Andrômeda, que denominamos de Grupo Local, atravessa o espaço a cerca de seiscentos quilômetros por

segundo, atraído pela gravidade do aglomerado de Virgem e do superaglomerado mais próximo do Superconglomerado Local, o de Hidra e de Centauro. Ele também se desloca para um grande aglomerado de dezenas de milhares de galáxias denominado Grande Atrator. Nada é imóvel no espaço.
A gravidade implica que todas as estruturas do universo, estrelas e galáxias, se atraem e "caem" umas sobre as outras. Esses movimentos de queda somam-se ao movimento geral da expansão do universo provocado pelo Big Bang. O céu estático e imutável de Aristóteles está morto. Tudo não é senão impermanência, mudança e transformação no mundo do infinitamente grande.

## Partículas e Neutrinos

O MUNDO DO infinitamente pequeno não está em repouso. Lá também, tudo só é impermanência. As partículas podem mudar de natureza. Por exemplo, um nêutron livre, não encerrado em um núcleo de átomo, se desintegra ao cabo de uma quinzena de minutos em um próton com a emissão de um elétron e de um antineutrino (a antipartícula do neutrino). Além do mais, a matéria pode se aniquilar com a antimatéria para se tornar pura energia. Inversamente, a energia pode se transformar em matéria. O espaço que nos envolve não é vazio, mas povoado por um número inimaginável de partículas e antipartículas ditas virtuais, de existência fantasmática e efêmera. Aparecendo e desaparecendo nos ciclos de vida e de morte com uma duração infinitesimal de $10^{-43}$ segundos, elas encarnam a impermanência no mais alto grau. Mas não são só partículas virtuais que povoam o espaço ao meu redor. Partículas reais atravessam meu corpo sem que nem mesmo me dê conta disso. Enquanto contemplo o céu, as centenas de bilhões de partículas chamadas de neutrinos primordiais, geradas nos primeiros instantes do universo, me atravessam de lado a lado a cada segundo. Trata-se de partículas desprovidas de carga elétrica e de massa muito pequena (menos de um milionésimo da massa do elétron) que interagem muito pouco com a matéria comum – essa da qual nossos corpos e os objetos que nos rodeiam são feitos, mistura de prótons, nêutrons e de elétrons –, embora elas possam atravessar objetos mais espessos e massivos como se nada existisse. Algumas vêm do espaço acima de mim, outras, porém, vêm do outro lado da Terra, atravessaram todo o interior de nosso planeta antes de emergir aos meus pés no cume do Mauna Kea.

Subjugado pelas estranhas propriedades dos neutrinos, o romancista estadunidense John Updike (1932-2009) compôs um poema, *Cosmic Gall* (Indiscrição Cósmica), em sua homenagem.

Odilon Redon, *Buda*

## Sabedoria Budista

MEDITAR ACERCA DA interdependência e da impermanência do mundo me conduz às tradições espirituais que me nutriram e continuam a me guiar: o taoísmo e o budismo. A ideia de uma constante impermanência, de uma incessante transformação dos fenômenos naturais surgiu muito cedo na China, no primeiro milênio antes da era cristã, no *I Ching* ou *Livro das Mutações*, um apanhado da sabedoria chinesa milenar. No pensamento taoísta, tal qual ele se manifesta no *Tao Te Ching, O Livro do Caminho e da Virtude*, de Lao Tsé, o universo evolui graças ao Sopro Primordial, chamado *chi*, que preenche o Vazio gerador do universo. A noção de impermanência é também fundamental no pensamento budista: a cada momento infinitesimal, as coisas e os seres que nos cercam se transformam e se modificam. A mudança é inevitável pois o universo não é composto de entidades sólidas e distintas, mas de fluxos dinâmicos em perpétua transformação e interação.

Para Buda, o mundo é impermanente devido à natureza vazia das coisas. "Natureza vazia" não significa aqui "nada", mas "ausência de existência própria". A noção de vacuidade decorre diretamente de uma outra ideia crucial do budismo, a da interdependência dos fenômenos, segundo a qual nada pode existir em si nem ser sua própria causa. Os fenômenos não são nada em si mesmos. São o produto de uma mútua dependência.

Eles ignoram as paredes mais espessas,

Desprezam tanto o duro aço quanto o cobre ressonante,
Provocam o garanhão em sua baia,

E, sem fazer nenhuma distinção de classe,
Infiltram-se em mim e em você.

Como enormes guilhotinas indolores,

Caem de nossa cabeça até à relva a nossos pés.

À noite, eles entram no Nepal
E vêm trespassar os corpos adormecidos dos amantes
enlaçados.


[John Updike, *Indiscrição Cósmica*.]

# A Noite É Também o Tempo dos Medos

Durante muito tempo, a noite foi percebida como um parêntese, um momento de vacuidade em que, para a imensa maioria da população ocidental, nada acontecia, nada devia se passar, senão a busca do repouso. Esse necessário abandono, proporcionando espaço aos bandidos e a outras personagens duvidosas que se amparam na noite, torna-se então domínio privilegiado e ilícito de alguns.

[Alain Cabantous, *História da Noite*.]

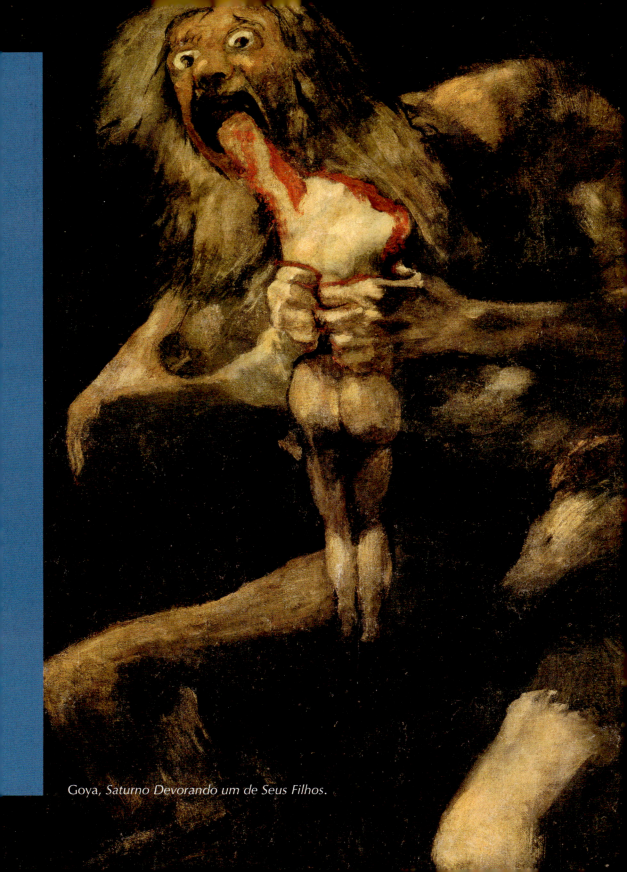
Goya, *Saturno Devorando um de Seus Filhos*.

# APARTE

Venha, Noite densa
Envolva-se com os mais sombrios
vapores do Inferno,
Que minha faca pontiaguda não veja
o ferimento que faz,
Que o Céu não venha espreitar
através da cobertura das trevas,
Para gritar aos meus ouvidos; "Pare, pare!"

[William Shakespeare, *Macbeth*.]

Os vampiros são por essência criaturas noturnas. Segundo as lendas da Europa central e oriental, eles não podem deixar seu caixão senão após o pôr do Sol e devem a ele retornar, imperativamente, antes do canto do galo. A luz do dia lhes é fatal.

[Jean Marigny, *Dicionário Literário da Noite*.]

Edvard Munch, *A Dança da Vida*.

O caos engendrou a Noite
E a Noite deu nascimento
a todas as forças do mal.
Essas forças malignas, são
de início a morte, os Parques,
os Keres, o homicídio,
a matança, a carnificina. [...]
Todas essas espécies de
mulheres negras se precipitam
sobre o universo e, em vez de
um espaço harmonioso, fazem
do mundo um lugar de terrores,
de crimes, de vinganças
e de falsidade.

[Jean-Pierre Vernant, *O Universo,
os Deuses, os Homens: Relatos
Gregos das Origens*.]

Hieronymus Bosch, *O Inferno* (detalhe).

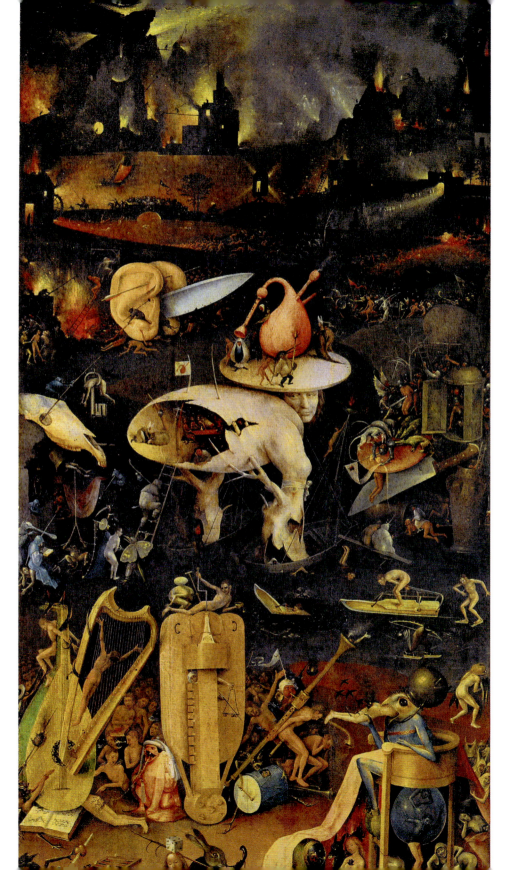

# O Fim da Noite

À noite eu minto

Apanho trens através da planície

À noite eu minto

Eu lavo as mãos

Tenho em minhas botas montanhas de questões

Onde subsiste ainda teu eco.


[Alain Bashung, *À Noite Eu Minto*.]

São duas horas da manhã. Não me resta mais do que três horas e meia de obscuridade total para minhas observações. Dirijo-me à pequena cozinha junto à sala de observação para preparar dois ovos cozidos, uma xícara de chá e algumas frutas; repor um pouco da energia e lutar contra a fadiga e o sono. Todos os observatórios estão equipados com um refrigerador e uma pequena cozinha para que o astrônomo possa preparar alguns lanches no decorrer da noite. A primeira noite é particularmente uma real provação para o organismo. A fadiga é exacerbada pela altitude e falta de oxigênio. E os ciclos de alerta e sono ficam totalmente invertidos: eu trabalho a noite inteira e me deito quando o Sol nasce.

## Por Que a Noite é Negra?

QUAL A CHANCE de termos uma noite que nos desvele as estrelas e as galáxias que, sem esse negror, permaneceriam sempre invisíveis? Achamos natural a alternância do dia e da noite, a queda da escuridão quando o Sol se põe abaixo do horizonte. No entanto, o fato de a noite ser negra não é tão evidente. A pergunta aparentemente ingênua feita pelas crianças aos seus pais – e que os enerva porque não conhecem a resposta – constituiu um desafio para os espíritos mais dotados. A resposta em parte tem relação com a própria origem do universo.

## Kepler

EM 1610, O ASTRÔNOMO alemão Johannes Kepler (1571-1630), o descobridor do segredo dos movimentos planetários, foi o primeiro a trazer um elemento para a resposta. Suponha, pensava ele, que o universo seja infinito. Um tal universo possuiria um volume infinito contendo uma infinidade de estrelas tão brilhantes quanto o Sol. Pelo fato de as estrelas serem em número infinito, o olhar, ou aquele que se transporta para o céu, deverá sempre encontrar a superfície de uma estrela, tal como a visão fica inevitavelmente detida por um tronco de árvore no meio de uma floresta densa. Isso quer dizer que a noite iluminada pelas estrelas deveria ser também tão brilhante quanto o dia. Em outros termos, não deveria haver alternância do dia e da noite – seria sempre dia. Ora, não é nada disso. Kepler não deduziu daí que o universo não é infinito em tamanho e que não contém uma infinidade de estrelas.

Mas as coisas não ficaram por aí. A ideia de um universo infinito reapareceu em 1687 com o surgir da teoria da gravitação universal do físico inglês Isaac Newton (1642-1727). Segundo Newton, tendo a força de gravitação um alcance infinito, o universo deveria ter também um tamanho infinito. Se o universo possui limites, raciocina o físico, deveria existir em seu imo uma posição central privilegiada. Todas as partes do universo deveriam logicamente mergulhar sob efeito da

Nascimento da Lua.

gravidade para esse centro, criando aí uma grande massa central – mas é o contrário o que se observa. Newton conclui daí que o universo devia ser infinito, o que remete o paradoxo da noite negra para debaixo do tapete. Outras explicações avançaram. A mais notável foi a do médico e astrônomo amador alemão, Heinrich Olbers (1758-1840); ele sugeriu, em 1823, que a luz das estrelas deveria ser absorvida no curso de sua viagem pelo espaço, o que atenuaria sua intensidade e tornaria a noite negra. Mas essa explicação não funciona, pois a luz não se perde: toda luz absorvida é reemitida. O enigma da noite negra, conhecido sob o nome de "Paradoxo de Olbers", permaneceu intacto.

## O Destino do Universo

A RESPOSTA CORRETA veio em 1848 pela interpretação inesperada da literatura na pessoa do poeta estadunidense Edgar Allan Poe (1809-1849). Genial inventor do romance policial, o escritor estava fascinado pela cosmologia. No seu poema em prosa *Eureka* (1848), deu provas de uma intuição fulgurante ao propor uma solução radicalmente nova ao paradoxo da noite negra:

> Se a sucessão das estrelas fosse ilimitada, o pano
> de fundo do céu nos ofereceria uma luminosidade
> uniforme, como aquela desvelada pela Galáxia,
> *uma vez que não haveria absolutamente nenhum ponto,*
> *em todo esse pano de fundo, onde não existisse uma estrela.*
> Logo, em tais condições, a única forma
> de dar conta dos vazios encontrados por nossos
> telescópios nas inumeráveis direções é supor

que desse pano de fundo invisível, situado a uma distância tão prodigiosa, nenhum raio jamais poderia chegar até nós.

Poe avança nesse ponto com relação à negritude da noite, não porque o universo é limitado no espaço, como pensava Kepler, mas porque ele é limitado no tempo. Dito de outra maneira, ele não é eterno, e teve um começo no passado. O pai do romance policial havia compreendido que a luz, embora viajando na maior velocidade possível no universo – trezentos mil quilômetros por segundo –, gasta tempo para chegar aos nossos telescópios. Descobrimos sempre objetos celestes com retardo, sendo os atrasos tanto mais longos quanto mais distantes os objetos. Passada uma certa distância, o tempo gasto pela luz para nos alcançar ultrapassa a idade do universo e não vemos mais nada: o céu é negro. Pelo fato de o cosmos ser limitado no tempo, a luz dos objetos celestes mais afastados não teve tempo de chegar a nós. Poe descobrira a chave do enigma da noite negra.

Mas os cientistas não têm o hábito de se inspirar nos poetas para elaborar suas teorias, e a explicação de Poe permaneceu como letra morta durante mais de um século. Foi preciso esperar o surgimento da teoria do Big Bang, em 1965, para dar uma base científica à intuição premonitória do poeta. O Big Bang marca o início do universo há 13,8 bilhões de anos em uma explosão primordial fulgurante, a partir de um estado extremamente pequeno, quente e denso. Pelo fato de o universo ter tido um começo no tempo e pelo motivo de a propagação da luz não ser instantânea, para nós é impossível observá-lo em toda a sua totalidade. Tal qual o marinheiro a bordo de seu barco não pode ver nada além do horizonte, o astrônomo não pode ver nada além de uma certa distância. Mesmo se o universo fosse ilimitado no espaço, somente a luz das estrelas e das galáxias situadas no interior de uma esfera-horizonte de 47 bilhões de anos-luz de raio, que denominamos de "universo observável", teria tido tempo de chegar até nós. A obscuridade noturna é, pois, rica de ensinamentos. Cada vez que sinto as doçuras da noite, sonho que ela traz em si o início do universo.

## ▷▷ O UNIVERSO ACESSÍVEL

Como a idade do universo é de 13,8 bilhões de anos, podemos pensar que o raio do universo observável é de 13,8 bilhões de anos-luz. Mas a distância de um objeto celeste, expressa em anos-luz, não é numericamente igual ao tempo gasto por sua luz para chegar até nós se o universo for estático. Ela também não o é se o universo estiver em expansão, como é o caso. Em um universo em expansão, uma galáxia que esteja a uma distância de 13,8 bilhões de anos-luz da Terra estará, hoje, a uma distância de 47 bilhões de anos-luz. O raio do universo observável é, pois, igual a 47 bilhões de anos-luz.

## A Vasta Tela Cósmica

DIANTE DOS INÚMEROS pontos de luz que resplandecem de todas as cintilações no firmamento, meus pensamentos se voltam para a fantástica arquitetura cósmica que revelou um longo e paciente trabalho de agrimensura do céu realizado pelos astrônomos no curso dos últimos decênios. A olho nu, fora dos traçados das constelações, alguns dos milhares de estrelas visíveis na noite parecem estar espalhadas ao acaso no céu. Essa impressão é enganosa. Ela resulta do fato de o universo nos aparecer como projetado em duas dimensões sobre a abóboda celeste, ao modo da tela de um pintor que tivesse esquecido todas regras da perspectiva. Para contemplar a imponente arquitetura do cosmos, compete ao astrônomo medir a profundidade do universo e restabelecer a terceira dimensão medindo a distância de cada objeto celeste e, em particular, daqueles objetos que traçam a estrutura do universo, as galáxias. Foi graças a Edwin Hubble (1889-1953) que os astrônomos puderam medir as distâncias das galáxias. Hubble descobriu que o universo estava em expansão. Sob o efeito dessa expansão, as galáxias distantes fogem da Via Láctea, e sua luz se desloca para o vermelho. Quanto mais afastada a galáxia, mais importante é o desvio. Basta, pois, o astrônomo decompor a luz de uma galáxia graças a um espectroscópio e medir seu desvio para o vermelho a fim de obter a sua distância. Após um longo trabalho de medições do cosmos que se iniciou em meados dos anos de 1970, os astrônomos puderam mensurar a distâncias de mais de um milhão de galáxias, e descobriram uma paisagem cósmica das mais surpreendentes.

O universo profundo visto pelo telescópio espacial Hubble.

" **Em qualquer cantinho do céu,
já podemos contar algo em torno
de dez mil galáxias, entre as quais
algumas estão nos confins
do universo observável.**

## Crepes e Filamentos

AS GALÁXIAS, CONJUNTO de centenas de bilhões de estrelas ligadas pela gravidade, não estão distribuídas ao acaso no espaço. Elas gostam de se juntar. Esse instinto gregário é devido à força de gravidade que atrai as galáxias umas às outras. Uma fantástica hierarquia de estruturas se revela na arquitetura cósmica. Se as galáxias são como casas a uma centena de milhares de anos-luz que abrigam as estrelas, os grupos de galáxias, aglomerados de algumas dezenas de galáxias, são as aldeias do universo. Assim, a nossa Via Láctea faz parte do Grupo Local que compreende, além da nossa galáxia, Andrômeda e uma trintena de outras galáxias anãs, muito pequenas e menos massivas. O Grupo Local se estende sobre uma dezena de milhões de anos-luz. Mas há aglomerações maiores. Os aglomerados de galáxias, que reúnem alguns milhares de galáxias, estendem-se sobre sessenta milhões de anos-luz. São as cidades de província do universo. E a arquitetura cósmica prossegue. Os aglomerados de galáxias se juntam uns aos outros em cinco ou seis para formar superconglomerados de galáxias contendo quase uma dezena de milhares de galáxias, estendendo-se sobre duzentos milhões de anos-luz. Nosso Grupo Local faz, assim, parte do Superconglomerado Local que reúne em seu seio uma dezena de outros grupos e aglomerados. Os superconglomerados de galáxias, por sua vez, se aglomeram em imensas estruturas em forma de crepes, de filamentos e de paredes de galáxias que se estendem a perder de vista sobre centenas de milhões de anos-luz, delimitando enormes vazios no cosmos onde poderíamos percorrer centenas de milhões de anos-luz sem encontrar galáxia viva. As galáxias traçam no negror da noite uma imensa tela cósmica luminosa diante de nossos olhos espantados. Os superconglomerados em estrutura de crepes, de filamentos e de paredes constituiriam a sua textura, os aglomerados mais densos, os "nós", e os grandes vazios, as "malhas".

Em face dessa imensa tela cósmica, as vicissitudes do cotidiano que assumem às vezes uma importância desmesurada em nossas vidas parecem bem pequenas e mesquinhas. Essa arquitetura sutil do céu estrelado convida a assumir uma posição superior.

Então ele acorda de noite e já traz em si

o chamado do pássaro lá de fora e ele se sente

pleno de audácia, porque carrega

em sua face o fardo inteiro das estrelas,

pesado – oh! Não como aquele que prepara

esta noite para a sua amada, e a cumula

de céus que ele criou.

[Rainer Maria Rilke, *Poemas à Noite*.]

## "As galáxias traçam no negror da noite uma imensa tela cósmica luminosa.

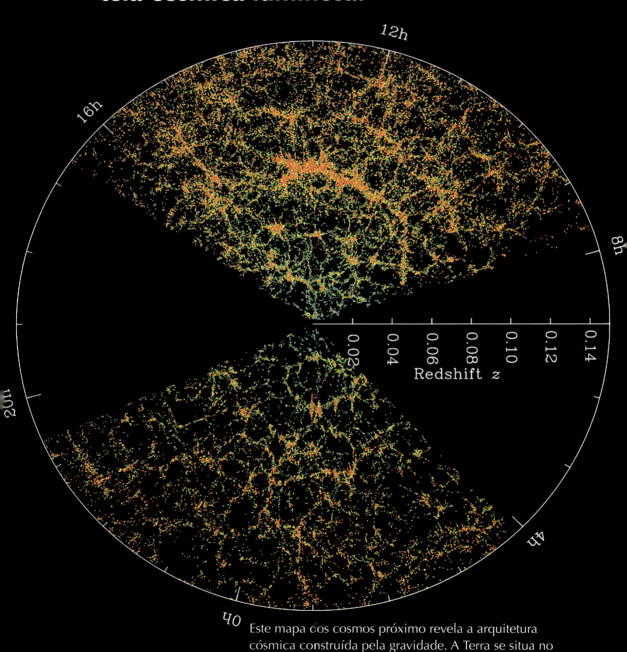

Este mapa dos cosmos próximo revela a arquitetura cósmica construída pela gravidade. A Terra se situa no centro do círculo e cada ponto representa uma galáxia.

## O Fogo e o Gelo

SEMPRE HAVERÁ ALTERNÂNCIA entre o dia e a noite sobre a Terra? Sim, enquanto o Sol tiver vida. Em 4,5 bilhões de anos ele esgotará seu carburante de hidrogênio e começará a consumir o combustível de hélio e de carbono. Essa nova combustão irá dilatá-lo desmesuradamente em até cem vezes o seu tamanho atual. Ao mesmo tempo, sua cor tornar-se-á vermelha: ele irá virar uma gigante vermelha. Seu envoltório em brasa tragará Mercúrio e Vênus. Os terráqueos verão o Sol espalhar o seu disco vermelho em uma grande parte do céu. Os dias e as noites serão quentes. A atmosfera se desvanecerá, os mares evaporarão, as florestas queimarão e as rochas irão se volatilizar. A vida não será mais possível. A humanidade terá que organizar um êxodo para um grande asteroide no limiar do sistema solar para se beneficiar de temperaturas mais amenas. Essa fase de gigante vermelha não durará mais que alguns duzentos milhões de anos. Após ter consumido todo seu carburante nuclear, o Sol colapsará e morrerá, deixando um cadáver chamado "anã branca": "anã" porque seu raio será de apenas dez mil quilômetros, ou seja, setenta vezes menor que o do Sol atual, e "branca" devido à luz branca emitida por sua superfície aquecida a 30.0000C. Com a morte do Sol, o dia perderá a sua luminosidade, a anã branca continuará a resfriar-se e a brilhar cada vez menos. Ao fim, ela não irradiará mais por falta de energia. Ela se reunirá então aos inúmeros cadáveres estelares invisíveis, buracos negros e estrelas de nêutrons que cobrem o terreno galáctico. Nossos descendentes, se ainda estiverem sobre a Terra, não verão mais o dia, apenas a noite. Eles deverão, se quiserem sobreviver, partir em busca de outros astros susceptíveis de alimentar suas necessidades em termos de energia.

A muito longo prazo, dentro de aproximadamente cem trilhões de anos, quando o universo será dez mil vezes mais velho que hoje, será a vez de todas as estrelas do universo estarem extintas porque terão consumido todo seu carburante nuclear. As galáxias deixarão de brilhar pois terão esgotado suas reservas de gás de hidrogênio e não mais poderão fabricar novas estrelas. A maravilhosa alquimia estelar criativa terminará para sempre. Uma longa noite negra se abaterá sobre o universo. Mas será que essa noite durará até o fim dos tempos ou será um dia substituída por uma apocalíptica apoteose de luz e de calor, o fogo do inferno substituindo a frigidez glacial? A resposta depende do destino do universo.

## ▷▷ ESTRELA MORTA

Quando elas morrem, as estrelas, em função de sua massa, deixam atrás de si três tipos de cadáveres estelares de natureza diferente: as anãs brancas, correspondentes a estrelas de massa inferior a 1,4 vezes a massa do Sol; estrelas de nêutrons, correspondente a estrelas cujas massas se encontram entre 1,4 e por volta de cinco vezes a massa do Sol; ou buracos negros, correspondentes a estrelas de massa superior a aproximadamente cinco vezes a do Sol.

A cosmologia moderna nos diz que esse destino está ligado à curvatura do seu espaço. Tal fato pode ser positivo, nulo ou negativo. A relatividade geral nos ensina que um universo de curvatura positiva como a de uma esfera (a analogia não é rigorosamente exata, pois a superfície de uma esfera tem duas dimensões, enquanto o espaço tem três, mas ela permite avivar a nossa intuição) morrerá em um braseiro infernal. O universo terá uma velocidade de expansão que, sob efeito da gravidade que freia, desacelerará cada vez mais no futuro. Ele atingirá um dia um raio maximal, pois a gravidade fará com que colapse sobre si mesmo. Ao se contrair, o universo se fará cada vez mais quente e denso. As galáxias, em vez de se afastarem umas das outras como o fazem hoje, se aproximarão cada vez mais, fundir-se-ão e perderão sua identidade. As estrelas se volatilizarão em fantásticos feixes de partículas elementares. O universo reencontrará quase a feição de sua infância: um oceano de partículas e antipartículas de luz e de matéria como nas primeiras frações de segundo de sua existência, porém juncada de inúmeros buracos negros, cadáveres de estrelas maciças. O universo morrerá numa espécie de Big Bang invertido chamado de *Big Crunch*.

Em compensação, um universo de curvatura negativa como a de uma sela de um cavalo terá uma expansão eterna: ele continuará a diluir-se e a resfriar-se cada vez mais, até o infinito. Todas as estrelas e galáxias irão extinguir-se, e o universo morrerá em trevas glaciais. A fantástica apoteose de luz e de calor e o fogo do inferno de um universo de curvatura positiva serão substituídos pelo frio desolador de um universo de curvatura negativa.

Finalmente, há o caso intermediário de um universo achatado, de curvatura nula, como a de uma toalha. Ele também será dotado de uma expansão eterna que vai desacelerando cada vez mais para só se deter num tempo infinito. Ele também morrerá numa noite de frio desolador.

Alguns dizem que o mundo acabará em chamas,
Outros, em gelo.
Por aquilo que já experimentei do desejo amoroso,
Sou daqueles que tem pendor pelas chamas.
Mas se ele tivesse que perecer duas vezes
Creio que conheço bastante sobre o ódio
Para dizer que a destruição pelo gelo
Seria igualmente tão grande
E bastaria.

[Robert Frost, *Fogo e Gelo*.]

## O Inventário do Universo

PARA SABER SE a noite do cosmos irá durar até o fim dos tempos, ou se, ao contrário, ela será substituída por um fogo infernal, é preciso que determinemos a curvatura do universo. Como fazê-lo? Chamemos a relatividade como socorro. Ela nos ensina muitas coisas: são a energia e a matéria que curvam o espaço. Há uma densidade crítica de matéria e energia igual a aproximadamente a massa de cinco átomos de hidrogênio por metro cúbico (ou 10-23 gramas por metro cúbico) que separa os diferentes tipos de universo: um universo contendo em média mais de cinco átomos de hidrogênio por metro cúbico é curvado positivamente; um universo que contém menos é curvado negativamente; num universo contendo exatamente a densidade crítica, sua curvatura é nula. Basta, pois, fazer o inventário do conteúdo em massa e em energia do universo para ler o seu destino. Poderíamos pensar que com inúmeras galáxias povoando o universo observável, cada qual contendo inumeráveis sóis, o universo deve certamente possuir em média mais de cinco átomos por metro cúbico, o que lhe daria uma curvatura positiva. Mas isso não é tão evidente, pois o universo contém um número inimaginável de galáxias, seu volume ultrapassa também a imaginação.

Para chegar ao fundo da questão, os astrofísicos se puseram a fazer o inventário do universo com paixão. Em primeiro lugar vem as estrelas e as galáxias, feitas de matéria comum, isto é, de prótons, nêutrons e elétrons, como você, eu e as papoulas do campo. Elas são fáceis de recensear pois emitem luz visível, que nos permite detectá-las com nossos telescópios. O universo observável contém cerca de quatrocentos bilhões de galáxias cada qual com muitas centenas de milhares de sóis. No entanto, apesar dos números astronômicos, a matéria luminosa das estrelas e das galáxias só contribui com 0,5% para a densidade crítica do universo (aquela que corresponde a um universo de curvatura nula)! Isso significa que não há matéria suficiente para que a gravidade freie a expansão do universo e a faça desmoronar sobre si mesma? Na verdade, a situação não é tão simples, pois os astrofísicos perceberam que há muito mais matéria que não vemos. Foi o astrônomo suíço-estadunidense Fritz Zwicky (1898-1974) que se deu conta disso pela primeira vez, em 1933, ao estudar os movimentos das galáxias no aglomerado de Coma, um conjunto de milhares de galáxias ligadas entre si pela gravidade. As galáxias se deslocam com uma velocidade de mil quilômetros por segundo no centro desse aglomerado, e Zwicky se conscientizou de que esses movimentos rápidos não tardariam a fazê-las se dispersar no espaço intergaláctico e provocar uma desagregação do aglomerado se não houvesse, fora da massa luminosa das galáxias, uma fonte adicional de gravidade exercida por uma matéria "escura", de natureza desconhecida, que não emite nenhuma luz visível, mas cuja gravidade ajuda a reter as galáxias nos aglomerados.

## A Matéria Escura

APÓS A DESCOBERTA de Zwicky, a matéria escura não parou de perseguir a consciência dos astrofísicos. Ela se manifesta em todas as estruturas conhecidas do universo, desde as raquíticas galáxias anãs que eu estudo, até na Via Láctea ou nos gigantescos conglomerados de galáxias. A razão de sua onipresença é sempre a mesma: ela deve existir para impedir

O aglomerado globular Messier 92 é um dos mais brilhantes da Via Láctea. Cerca de 150 aglomerados globulares foram recenseados em nossa galáxia.

o deslocamento das majestosas estruturas do universo tais como as galáxias e os aglomerados de galáxias. Assim, nas galáxias espirais, as estrelas de gás giram com tal rapidez (a mais de duzentos quilômetros por segundo) no plano galáctico que a força centrífuga deveria ejetá-las e deslocá-las para fora da galáxia. Ora, as galáxias espirais continuam a existir e a enfeitar a abóboda celeste com seu magnífico esplendor. Para que possam reter suas estrelas, elas devem conter matéria escura que não emite nenhuma radiação visível, mas se manifestaria apenas pela gravidade. Igualmente, a presença de uma massa escura é necessária para impedir a desagregação dos aglomerados. Para fazê-lo, a massa escura deve ser em torno de sessenta vezes mais substancial que a massa luminosa. Em outras palavras, é preciso que ela contribua com 31,5% da densidade crítica.

Qual é a natureza dessa massa escura? Os astrofísicos descobriram que de 31,5%, apenas 4,5% delas são feitas de matéria "comum", constituída de prótons e nêutrons como todos os objetos que nos envolvem. Os 27% restantes são constituídos de uma nova forma de matéria – dita "exótica" – cuja natureza permanece, no momento, totalmente misteriosa. Privados de luz, os astrônomos estão literalmente no escuro! Os pesquisadores pensam que a matéria escura exótica é formada de partículas muito massivas que interagem fracamente com a matéria comum, nascidas nas primeiras frações de segundo após o nascimento do universo, e designadas sob o nome genérico de WIMP, acrônimo de Weakly Interacting Massive Particle, "partículas massivas que interagem muito fracamente". Os físicos puseram-se febrilmente a ir à caça dos WIMPS, mas até agora nenhum deles se dignou a aparecer. O mistério da natureza da matéria escura exótica continua intacto.

Até 1998, o inventário do universo revelava, pois, que, com uma densidade igual a um pouco menos de um terço da densidade crítica (0,5% de matéria luminosa + 31,5% de matéria escura = 32% da densidade crítica), ele não continha matéria suficiente para impedir sua expansão e fazê-lo desabar sobre si mesmo. Pensamos, então, que vivemos em um universo aberto que se diluiria até o fim dos tempos e que morreria no frio glacial de uma noite eterna.

## A Energia Escura

NÃO SE CONTAVA com o estrondo do trovão que veio perturbar o céu sereno da cosmologia no fim do século xx. Duas equipes de astrônomos, uma conduzida pelo estadunidense Saul Perelmutter, outra pelo australiano Brian Schmidt e o estadunidense Adam Riess – todos os três premiados com o Nobel de física em 2011 –, descobriram, independentemente, em 1998, que a expansão do universo não estava em desaceleração – o que deveria ser o caso se o universo só contivesse matéria, matéria essa que exerceria uma força gravitacional atrativa que retardaria seu movimento de expansão –, porém em aceleração, o que implica a existência de uma força antigravidade que repele em vez de atrair. Na falta de mais informações, os astrofísicos a batizaram de "energia escura" ("escura" porque, como a matéria escura exótica, sua natureza permanece totalmente desconhecida para nós). Suas observações demonstram que o universo desacelerou muito durante os sete primeiros bilhões de anos de sua existência,

Kazimir Malevitch, *Círculo Negro*.

mas que ele se pôs a acelerar a partir do oitavo bilhão de anos, após o Big Bang. Para reproduzir a aceleração universal observada, a energia escura deve contribuir com cerca de 68% para o conteúdo em massa e energia do universo: era exatamente a quantidade que faltava ao inventário precedente para que o universo possua precisamente a densidade crítica e, por conseguinte, uma geometria plana.

Mas como uma força desse tipo, repulsiva, antigravitacional, pode existir? Newton nos ensinou que a força de gravidade exercida por um objeto é sempre atrativa e que seu poder de atração é proporcional à sua massa. Contudo, Einstein, com sua relatividade geral, nos diz que o ponto de vista newtoniano é muito limitado e que, além da massa de um objeto, é preciso levar em conta sua energia e sua pressão, que contribuem igualmente para a força de gravidade. A pressão, porém, possui propriedades muito particulares que a distinguem das duas outras quantidades: segundo as circunstâncias, ela pode contribuir positiva ou negativamente para a gravidade. Quando ela é positiva, como é o caso nas condições comuns da vida cotidiana, ela acrescenta uma pequena contribuição ao campo gravitacional criado pela massa e pela energia. A gravidade atrativa daí resultante nos é totalmente familiar: é ela que nos faz cair ao solo quando tropeçamos em uma pedra. Mas a relatividade nos ensina que em circunstâncias extraordinárias, na escala do universo, a pressão pode ser negativa. Se sua contribuição negativa for superior àquelas, positivas, da massa e da energia, a gravidade seria negativa, e teríamos uma espécie de antigravidade repulsiva que, em lugar de atrair, afastaria as coisas umas das outras. Essa pressão não pode ser associada à matéria comum, pois esta possui sempre uma pressão positiva, mas a uma substância totalmente nova que banha o universo, que não é nem matéria nem luz, e cuja natureza continua totalmente desconhecida. Cercar a natureza de energia escura – ao mesmo tempo que de matéria escura exótica – permanece sendo um dos maiores desafios da astrofísica contemporânea.

## A Eterna Expansão

COM A FORÇA repulsiva da energia escura, o universo conhecerá também uma expansão eterna. Como no caso de um universo aberto, um universo achatado continuará a se diluir e a se resfriar cada vez mais para encerrar sua vida numa obscuridade glacial. Após a extinção de todas as estrelas, a noite será sem fim. A humanidade futura – se puder perdurar por bilhões de anos – escapará de um sentimento de claustrofobia que um universo de curvatura positiva engendraria ao se contrair sob seu próprio peso e se encolher cada vez mais. Ao contrário, o universo ficará cada vez mais diluído pela aceleração cósmica. O espaço se ampliará tão rapidamente que nenhuma partícula poderá juntar-se a outras e nenhuma estrutura irá se formar. Devido à aceleração da expansão do universo, o céu se esvaziará cada vez mais. Quando o relógio cósmico soar cerca de dois trilhões de anos (ou seja, cerca de cem vezes a idade atual do universo, que é de 13,8 bilhões de anos), as centenas de bilhões de galáxias, hoje acessíveis aos nossos telescópios, estarão de tal modo afastadas que não poderemos mais vê-las. Isso quer dizer que a Via Láctea irá se ver sozinha na vasta imensidão negra do espaço? Não, pois, como dissemos, ela faz parte do Conglomerado Local, um complexo de dez mil galáxias ligadas pela gravidade. Porém, nesse distante futuro, elas não constituirão mais entidades distintas: a gravidade atrativa as terá precipitado umas contra as outras desde há muito tempo, para se aglomerarem numa fantástica metagaláxia. Nossos descendentes terão a impressão de que o universo inteiro se reduziu à sua metagaláxia, perdido em um imenso espaço vazio. Os estudos astronômicos que eles poderão, então, empreender, serão extremamente limitados, tal o pequeno número de objetos a observar no céu. Eles pensarão, equivocadamente, que o universo é estático pois, na falta de galáxias além da metagaláxia, eles não terão nenhuma baliza para medir a expansão do universo e, ainda menos, o seu movimento acelerado! Para os nossos distantes descendentes, o relato do Big Bang, da matéria escura e da energia escura, da evolução cósmica que levou à emergência da vida e da consciência sobre a Terra surgirá como um mito maravilhoso de uma civilização que desapareceu, imaginada para dar conta da criação do mundo, sem se assentar sobre nenhuma observação concreta. Eu tive a chance de viver numa época da história do universo em que ainda posso praticar a verdadeira astronomia, em que posso ainda contemplar um céu negro cheio de centenas de bilhões de galáxias.

## A Luz e as Trevas

À NOITE, QUANDO a gente sobrevoa a Terra e olha pela janela do avião, vemos, dispersas aqui e ali sobre os continentes, luzes das grandes cidades e das metrópoles. Todo o resto está mergulhado em um negro tinto e escapa à nossa visão. Não enxergamos os contornos dos continentes, nem as planícies verdejantes, nem os desertos áridos, nem os cumes cobertos de neve das cadeias de montanhas: a visão que temos da Terra à noite é enganosa. No entanto, é essa exatamente a situação em que se encontra o astrônomo. A matéria que brilha nas estrelas e nas galáxias constitui apenas 0,5% do conteúdo total em massa e em energia do universo. A matéria de que somos feitos perfaz apenas 4,5%. Todo o resto, ou seja, 95% do conteúdo do universo, continua completamente desconhecido. Sabemos que uma matéria escura exótica deve existir para que sua gravidade retenha as estrelas nas galáxias, e estas nos aglomerados de galáxias, e que todo o espaço cósmico está banhado de uma energia escura misteriosa porque a expansão do universo se acelera em vez de se desacelerar. Porém o astrônomo não pode ver diretamente os enormes halos de matéria escura que envolvem as galáxias nem as gigantescas estruturas em filamentos de matéria escura que tecem uma imensa tela cósmica estendendo-se sobre bilhões de anos-luz através do espaço. A luz das galáxias e dos aglomerados de galáxias espalhada aqui e ali, nos lugares mais densos da vasta tela, só nos fornece uma visão bem incompleta da realidade. A matéria luminosa do universo é como a pequeníssima parte emersa de um *iceberg*. Mas há uma imensa diferença entre um *iceberg* e o universo: sabemos que a parte imersa do *iceberg* é feita de gelo, enquanto a natureza da matéria exótica escura e da

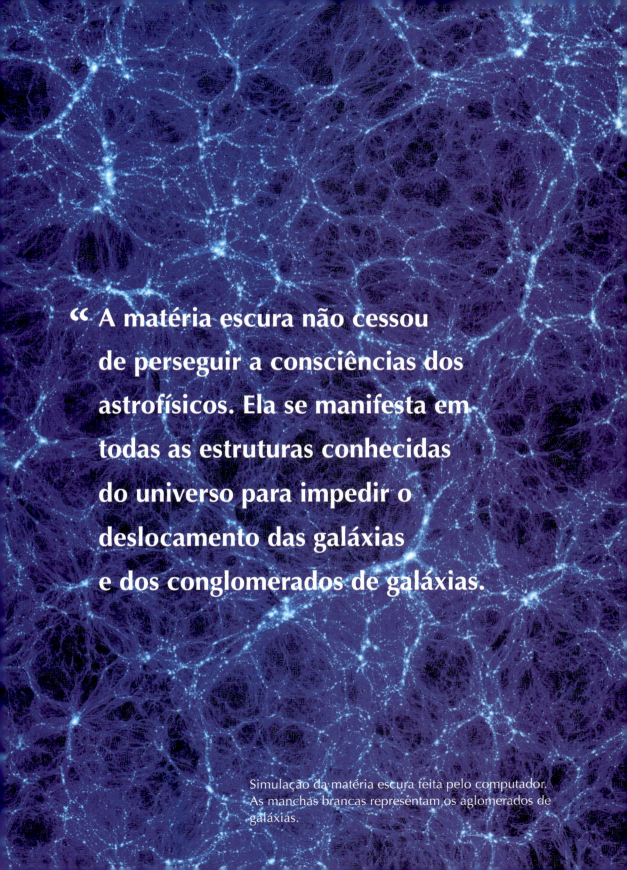

" A matéria escura não cessou de perseguir a consciências dos astrofísicos. Ela se manifesta em todas as estruturas conhecidas do universo para impedir o deslocamento das galáxias e dos conglomerados de galáxias.

Simulação da matéria escura feita pelo computador. As manchas brancas representam os aglomerados de galáxias.

energia escura permanece como um formidável desafio para o espírito. A despeito de todos os nossos conhecimentos, a maior parte do conteúdo do universo nos escapa. Uma bela lição de modéstia. As trevas constituem o inevitável reverso da medalha que é composto da luz, assim como a noite é a companheira indissociável do dia.

## Meditação Sobre o Planeta Azul

ENQUANTO O TELESCÓPIO continua a coletar a luz da galáxia azul compacta, penso na extraordinária afluência de circunstâncias que permitiram minha presença aqui, no cume de um vulcão adormecido, contemplando o universo. Foi um milagre que o homem tenha aparecido nesse universo tão vasto e que, malgrado a insignificância de seu lugar no cosmos, ele seja suficientemente inteligente para compreender o universo, apreciar sua beleza e sua harmonia, e bastante dotado para reconstituir o maravilhoso afresco cósmico de cerca de quatorze bilhões de anos que o trouxe do vazio primordial até aqui. É um milagre que o homem habite o planeta Terra, o terceiro a partir do Sol. Isso não é um produto do acaso: nosso planeta é o único no sistema solar que é habitado, pois, ao contrário dos outros planetas, ele não é nem muito quente nem muito frio. A vida é frágil e delicada, ela requer ao mesmo tempo suavidade e tepidez. Ora, a Terra é o único planeta do sistema solar que está a uma distância conveniente do Sol para preencher essas condições. Somente ela possui oceanos de água líquida que recobrem três quartas partes de sua superfície, conferindo-lhe sua bela cor azulada. Única, ela hospeda a vida, e mais, a vida consciente.

## Os Marcianos

OS OUTROS TRÊS planetas telúricos não são nada favoráveis à vida. Mercúrio, por causa de sua proximidade do Sol (cerca de um terço da distância entre o Sol e a Terra), possui de dia uma temperatura escaldante de 430oC: o chumbo aí entraria em fusão imediatamente. A temperatura que reina em Vênus, embora duas vezes mais afastado de nosso astro, é ainda muito elevada, igual a 4,6 vezes a temperatura da água em ebulição. Essa temperatura infernal é devida, como já vimos, ao enorme efeito estufa provocado pela espessa atmosfera de Vênus, composta de 96% de gás carbônico. Se pusermos os pés ali, não apenas seremos grelhados instantaneamente, mas morreremos envenenados. Quanto a Marte, ele sempre exerceu uma profunda fascinação sobre o imaginário dos homens, pois, durante muito tempo, pensava-se que ele hospedava uma forma de vida consciente diferente da nossa. Designamos pelo nome de marciano os pequenos homens verdes de nossas fantasias. O astrônomo italiano Giovanni Schiaparelli, em 1877, acreditou ter discernido com seu telescópio uma vasta rede de estruturas lineares sobre a superfície marciana, que denominou de *canali*, ou canais. Bastava um passo para concluir que essa rede havia sido construída por uma civilização avançada. Em 1938, no dia de Halloween, o jovem cineasta Orson Welles pôde semear o pânico entre a população de New Jersey ao difundir uma adaptação radiofônica muito realista do romance de ficção científica *A Guerra dos Mundos*, de H.G. Wells, que tinha por tema a conquista da Terra por marcianos hostis. Esses fantasmas foram definitivamente varridos pelas imagens da superfície de Marte enviadas pelas sondas Mariner no início dos anos 1970. Elas demonstravam, sem sombra de dúvida,

**Saturno não possui superfície sólida. Se pusermos um pé ali, a superfície nos engolirá instantaneamente.**

Tempestade sobre Saturno captada pela sonda Cassini.

que as redes de canais não passavam de pura ilusão, e que não existia civilização avançada no planeta vermelho, mesmo que houvesse boas razões para supor que Marte pudesse hospedar a vida. As imagens enviadas pelos satélites e pelos robôs que percorrem a superfície sugerem que houve, no passado do planeta vermelho, água líquida em sua superfície, há alguns bilhões de anos. Elas revelam leitos de rios secos, crateras de paredes escavadas por numerosas enxurradas, muito provavelmente como resultado do trabalho de erosão da água, ou ainda camadas sedimentares, testemunhos de tempos passados em que Marte era cravejado de lagos sobre toda a sua superfície. Ora, quem diz água, diz possibilidade de vida: pode ser que encontremos um dia micro-organismos em Marte. Mas uma coisa é certa: a vida inteligente nunca decolou por lá.

Os planetas gigantes – Júpiter, Saturno, Urano e Netuno – não são nada propícios à vida. Eles não possuem superfície sólida. Se pusermos os pés ali, nos enterraremos em enormes massas de gás de hidrogênio e de hélio, cujas pressões e temperaturas extremas nos matarão instantaneamente. As camadas superiores de suas atmosferas não são acolhedoras. Tempestades violentas e furacões múltiplos ocorrem em fúria permanente, ventos sopram a centenas de quilômetros por hora, o que não é favorável ao despertar nem ao desenvolvimento da vida.

Logo, não é por acaso que estamos aqui no planeta azul. Graças à água líquida, a natureza pode desenhar o mapa da vida. Entre as 1.001 espécies animais e vegetais, o homem emergiu, capaz de compreender o universo que o engendrou. Contudo, ele está em vias de pôr em perigo o equilíbrio ecológico de sua biosfera. Um além habitável no vasto universo será difícil de encontrar: devemos cuidar do nosso planeta.

Duas coisas preenchem o espírito de uma admiração e de uma veneração sempre nova e sempre crescente [...]: o céu estrelado acima de mim e a lei moral em mim.

[Emmanuel Kant, *Crítica da Razão Prática*.]

« Por muito tempo, se pensou que Marte fosse o outro planeta sobre o qual a vida teria sido possível.

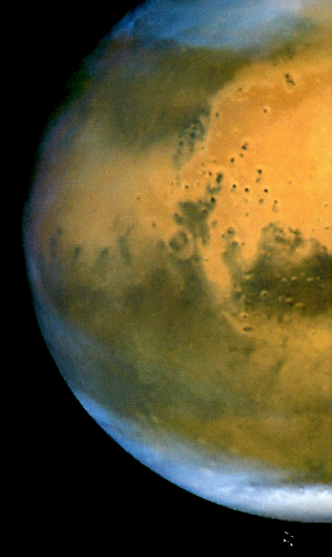

Marte fotografado pelo telescópio espacial Hubble. Distingue-se bem as calotas glaciares feitas de água e de $CO_2$ nos dois polos do planeta vermelho.

## O Homem e o Universo em Estreita Simbiose

O UNIVERSO PARECE ser misteriosamente ajustado para permitir
o aparecimento do homem. Se o cosmos também é vasto, é
para se acomodar à nossa presença. A astrofísica moderna
descobriu que a existência do ser humano e, de um modo mais
geral, da vida e da consciência, está inscrita nas propriedades
de cada átomo, de cada estrela, de cada galáxia do universo e
em cada uma das leis físicas que o regem. Se as propriedades
e as leis do universo fossem ligeiramente diferentes, nós não
estaríamos aqui para falar disso. O universo e nós estamos
inextrincavelmente ligados. Ocorre que o universo possui,
exatamente, as propriedades requeridas para engendrar um ser
consciente, capaz de compreender a sua organização. O físico
anglo-estadunidense, Freeman Dyson, exprimiu esse liame de
forma muito sucinta: "O universo sabia que o homem viria
de alguma parte." Essa estreita simbiose entre o homem e o
universo é designada sob o nome de princípio antrópico, do
grego *anthropos*, que quer dizer "homem".

Como os astrofísicos se aperceberam dessa extraordinária
simbiose entre o homem e o cosmos? Todas as propriedades
do universo dependem de dois tipos de parâmetros. De início
vêm as propriedades com que as fadas o dotaram em seu
nascimento, as condições iniciais: a taxa de expansão inicial
do universo ou o seu conteúdo em matéria e em energia. Em
seguida, uma quinzena de constantes físicas: a velocidade
da luz, a massa das partículas elementares, ou a constante de
gravitação que determina a intensidade da força gravitacional.
Esses parâmetros são verdadeiramente constantes. Eles
parecem não variar nem no espaço nem no tempo. Pudemos
mensurar experimentalmente os valores dessas constantes

com uma grande precisão, mas não dispomos de nenhuma teoria física que explique o porquê de essas constantes terem o valor que têm e não um outro. Assim, não temos nenhuma ideia do motivo de a luz viajar a trezentos mil quilômetros por segundo em vez de, por exemplo, a três centímetros por segundo. Tais constantes físicas fazem com que o mundo seja como é em lugar de ser outra coisa. O que parece ser uma trivialidade reflete o leque infinito das massas e das dimensões de que dispõem a natureza para edificar o conteúdo do universo. Por exemplo, a mais alta montanha da Terra, em vez de ter uma altura de cerca de dez quilômetros, poderia não ter ultrapassado alguns centímetros. Os seres humanos poderiam não ser maiores que micróbios. As constantes fundamentais da natureza são responsáveis por toda a magnífica hierarquia das estruturas e das massas do mundo, do menor átomo ao maior superaglomerado de galáxias.

## A Combinação Premiada

FOI A AÇÃO conjugada das constantes físicas e das condições iniciais do universo que permitiram a eclosão da vida e da consciência. A existência da vida é extremamente improvável e depende de um equilíbrio muito precário e de um concurso de circunstâncias extraordinárias. Modifique um pouco certas constantes fundamentais e condições iniciais e não existimos mais. A precisão da regulagem de alguns desses parâmetros é de tirar o fôlego. Como os astrofísicos se aperceberam disso? Com certeza, eles não podem esperar recriar o Big Bang em laboratório. Para reproduzir a energia da explosão primordial, seria necessário um acelerador de partículas elementares tão grande quanto a Via Láctea, que não é uma coisa para amanhã! Os computadores tornaram-se os recursos para calcular uma multidão de universos fictícios, cada qual com sua combinação particular de constantes físicas e condições iniciais. Em um deles, a força de gravidade seria menos intensa, em outro, a quantidade de matéria escura seria mais elevada, em um terceiro, a massa do elétron seria maior, e assim por diante. A pergunta que os cientistas colocam para cada modelo de universo é: "Abrigaria esse universo a vida e a consciência após uma evolução de 13,8 bilhões de anos?" A resposta dada pelos computadores é por demais espantosa: a grande maioria dos modelos de universo possuem uma combinação perdedora e se acham vazios e estéreis – salvo o nosso, onde a combinação é premiada e nós somos, de algum modo, a cereja do bolo. A maior parte do universo é desprovida de vida e de consciência porque são incapazes de fabricar estrelas massivas. Sem a alquimia nuclear delas, os elementos pesados como o carbono, base da vida, estariam ausentes, e a vida assim não seria possível. Consideremos, por exemplo, a densidade inicial de matéria do universo. Se essa densidade fosse muito grande, a matéria exerceria uma força de gravidade muito elevada, freando e invertendo a expansão do universo, fazendo-o afundar sobre si mesmo em um *Big Crunch*, ao cabo de um tempo muito curto, um milhão de anos, um século, ou até um ano. Esse lapso de tempo seria muito curto para que as estrelas pudessem nascer e entregar-se à sua alquimia nuclear. Sem tal alquimia, não haveria elementos pesados e a vida não poderia emergir. Ao contrário, se a densidade inicial fosse muito fraca, a gravidade não seria suficientemente forte para fazer desmoronar as nuvens de hidrogênio e de hélio provenientes do Big Bang e formar estrelas. Sem estrelas, não há elementos pesados e, portanto, vida e consciência! A regulação do valor da densidade inicial de matéria deve ser de uma precisão tal de perder o fôlego, da ordem de 10-60. Em outros termos, se mudarmos essa densidade de apenas uma cifra na sexagésima decimal, tudo oscila e o universo torna-se estéril. A precisão dessa regulagem é comparável à demonstração de um arqueiro para acertar uma flecha em um alvo quadrado de um centímetro de lado fixado nos confins do universo. Mesmo se a precisão da regulagem não for tão espetacular para as outras condições iniciais e constantes físicas, a conclusão é sempre a mesma: o universo foi regulado de modo extremamente minucioso para que fosse possível o surgimento de um observador capaz de colocar perguntas sobre o cosmos que o engendrou.

▷▷ ## O PRINCÍPIO ANTRÓPICO

Foi o astrofísico franco-britânico Brandon Carter que inventou o termo princípio antrópico. Mas o qualificativo "antrópico" não é inteiramente justo; ele subentende que o universo tende exclusivamente para o homem. Os chimpanzés, os golfinhos e outro seres, terrestres ou extraterrestres, teriam o direito de protestar. De fato, o universo está em simbiose não apenas com o homem, mas igualmente com qualquer outra forma de inteligência que ele hospeda.

Mundos inumeráveis! Sonhamos com eles.
Quem disse que seus habitantes desconhecidos
não pensam em nós, eles também,
e que o espaço não *é* atravessado por voos
de pensamentos como ele o é pelos
eflúvios da gravitação universal e da luz?
Não há, entre as humanidades celestes,
da qual a Terra não passa de um modesto lugarejo,
uma imensa solidariedade, mal pressentida
por nossos sentidos imperfeitos?

[Camille Flammarion, *Astronomia das Damas*.]

Edward Robert Hugues, *A Noite*.

## Somos Únicos no Universo?

SE O UNIVERSO traz em germe desde o seu início a vida e a consciência, por que o nosso planeta seria o único a vê-las florescer? Ao contemplar a imensa abóboda celeste estrelada que parece se perder no infinito, não posso deixar de me perguntar se somos únicos no universo, se não há algures no cosmos seres capazes de se perguntarem questões sobre o mundo e se maravilharem com o espetáculo da noite estrelada. Para certos biólogos, como o estadunidense Stephen Jay Gould, a vida sobre a Terra é o resultado de toda uma série de acasos extremamente improváveis. Essa improbabilidade é tal que o milagre da vida só pode se produzir uma única vez em toda a história do universo, pelo maior dos acasos, sobre o nosso planeta. Não haveria uma segunda vez. Para Gould, se rebobinássemos o filme dos eventos que ocorreram na Terra e o deixássemos se desenrolar de novo, não haveria mais peixe, nem rouxinol, nem golfinho e nem homem. Este último não é a encarnação de princípios gerais da natureza, mas um simples pormenor de uma história que poderia não ter se realizado. Sobre o longo e sinuoso caminho da evolução, de partida o homem tinha pouquíssimas chances. Pelo fato de a vida repousar sobre uma improbabilidade fantástica, todos os outros planetas devem ser desprovidos de vida e de inteligência, e nós somos únicos no universo. Tal é a tese da solidão cósmica. Eu não a subscrevo. Para mim a vida não é fruto do puro acaso, mas de um acaso enquadrado pelas leis físicas e biológicas. Ela emergiu na sequência de eventos contingentes, certamente, mas forçados. Esse acaso refreado fez com que o universo fosse pleno de vida e de consciência. Para mim, muito provavelmente não somos os únicos no vasto cosmos a admirar a beleza da noite.

## O Ruído do Vento

SE E.T. EXISTE, poderíamos nos comunicar com ele? Para os astrônomos de hoje, a possibilidade de entrar em contato com civilizações extraterrestres dispensa a ficção científica. Sérios esforços são empreendidos para esse fim. Os terráqueos lançaram duas sondas – Pioneer 10 e Voyager 1 – em direção às estrelas, levando a bordo mensagens, sem destino preciso, na esperança de que algum dia sejam recuperadas por extraterrestres, tais como garrafas lançadas no vasto oceano cósmico. Garrafas nas quais se encontram sons e imagens da Terra: a palavra "bom dia" em 55 idiomas, o desenho de um átomo de hidrogênio, um esquema mostrando o lugar da Terra no sistema solar, a representação de uma mulher e de um homem, o braço levantado em sinal de saúde, um disco contendo um concerto de Bach, um pouco de jazz de Louis Armstrong, o ruído de um beijo, do vento, do canto das baleias, dos risos de crianças. Em lugar de sondas espaciais que se deslocam com velocidades de uma lentidão exasperante, é muito menos oneroso e muito mais rápido enviar mensagens de rádio que se deslocam com a máxima velocidade possível no cosmos, a da luz. Entre as mensagens de rádio enviadas pelos terráqueos ao cosmos, a mais célebre é aquela transmitida em 1974 pelo maior radiotelescópio do mundo, Arecibo, em Porto Rico: durante três minutos uma mensagem codificada foi enviada ao espaço contendo, entre outras coisas, um desenho da estrutura em dupla hélice do DNA e um esquema do telescópio de Arecibo. O destino da mensagem era o aglomerado globular Messier 13, um conjunto esférico de trezentos milhões de esferas ligadas entre si pela gravidade. Esperava-se, assim, atingir, de um só golpe, um grande número de ouvintes extraterrestres. A mensagem navega sempre na direção do aglomerado e só o atingirá dentro de aproximadamente vinte e cinco mil anos! Também podemos escutar, em vez de enviar garrafas ao mar. Talvez o espaço esteja abarrotado de mensagens enviadas por outras civilizações. Os terráqueos se puseram, pois, a escutar os céus graças a um programa denominado SETI (acrônimo de *Search for Extraterrestrial Intelligence* – Busca de Inteligência Extraterrestre). Renques de radiotelescópios estão apontados para milhares de estrelas mais próximas e semelhantes ao Sol e escutam simultaneamente as milhões, ou mesmo as bilhões de frequências. É claro que os computadores é que são os encarregados de "escutar". Os humanos só intervêm quando, entre os sinais que chegam, surgem aqueles que são fora do comum. Até o momento, só há falsos alertas: nenhum sinal suspeito se revelou proveniente de uma inteligência extraterrestre. O espaço permanece, assim, desesperadamente silencioso. Apesar desse silêncio de chumbo, a busca continua. O jogo vale a pena. O dia em que, finalmente, o silêncio for rompido será o marco de um grande ponto de viragem na história da humanidade. Saberemos, então, que não somos os únicos no universo, e que há algures outros seres também capazes de se encantar diante do esplendor e da organização do mundo.

## Acaso ou Necessidade?

O QUE PENSAR DA precisão dessa relojoaria que possibilitou o aparecimento da vida e da consciência? Na minha opinião, estamos diante da escolha entre o acaso e a necessidade, para retomar as palavras do biólogo francês Jacques Monod. Aos que optam pelo acaso, valem-se da teoria do "multiverso", segundo a qual nosso universo seria tão somente uma pequena bolha entre uma infinidade de outras bolhas em um metauniverso. Cada qual desses universos-bolhas teria sua própria combinação de constantes físicas e condições iniciais; entre eles nenhum abrigaria a vida consciente – pois nenhum deles teria a boa combinação de constantes físicas e condições iniciais – salvo o nosso aqui que pelo maior dos acasos possuiria a combinação premiada. No momento, a ciência não pode decidir entre o acaso e a necessidade. É preciso se arriscar e apostar, como Pascal. Rejeito firmemente a hipótese do acaso, pois não posso conceber que toda beleza, harmonia e unidade do mundo seja apenas um produto da contingência, e que a ordem e a organização do universo que percebo com meu telescópio não tenha nenhum sentido. Ademais, a hipótese do multiverso é inverificável. Postular a existência de uma infinidade de universos paralelos, totalmente desconectados do nosso e inacessíveis à observação, violenta minha sensibilidade científica. Sem verificação experimental, a ciência não é mais que metafísica. Se aceitamos a hipótese de um só e único universo, como explicar então essa regulagem tão precisa do cosmos? Eu aposto na existência de um princípio criador responsável por essa regulação. Mas atenção! Esse princípio, para mim, não se encarna em um Deus barbudo. Trata-se antes de um princípio panteísta que se manifesta nas leis da natureza, tal qual o descreve Spinoza. Einstein expressou esse ponto de vista assim: "Parece-me que a ideia de um Deus de forma humana é um conceito que não posso levar a sério… Meus pontos de vista estão próximos de Spinoza: admiração pela beleza e crença na simplicidade lógica da ordem e da harmonia que não podemos apreender senão humilde e imperfeitamente." Eu me inscrevo nessa intuição.

## ▷▷ O TEOREMA DA INCOMPLETUDE

A mecânica quântica e a teoria do caos
introduziram na ciência as noções de incerteza,
de indeterminação e de imprevisibilidade. Além
disso, a teoria da incompletude do matemático
Kurt Gödel (1906-1978) nos diz que um sistema
de aritmética coerente e não contraditório
contém sempre proposições "indecidíveis", ou
seja, enunciados matemáticos sobre os quais
não podemos jamais afirmar se são verdadeiros
ou falsos. Isso implica que há, ao menos na
matemática, limites do saber.

## A Desarrazoada Eficácia do Homem em Compreender o Mundo

O TELESCÓPIO CONTINUA a recolher a luz que escoa da
longínqua galáxia. Quarenta minutos de exposição já
decorreram, me avisa o computador. Em vinte minutos
termina a observação. O espectro da galáxia registrado pelo
detector eletrônico ficará, então, gravado na tela do terminal
automaticamente. O meu conhecimento dos espectros das
galáxias azuis compactas me permitirá identificar as raias de
emissão que irão me revelar a composição química da galáxia.
Graças à mecânica quântica, a física que descreve o mundo
atômico e subatômico, posso interpretar as raias de emissão.
Constato que elas estão desviadas para o vermelho, um efeito
devido à expansão do universo que resulta do Big Bang. Esse

movimento de expansão é descrito com muita precisão pela relatividade geral de Einstein. "O mais incompreensível é que o universo seja compreensível", dizia Einstein. É notável que nosso cérebro esteja em condições de decifrar, ao menos parcialmente, o código cósmico e que possamos, assim, progredir para uma compreensão cada vez mais completa do mundo.

Por que o universo é inteligível? Como pôde o homem compreender que o cosmos era bem mais do que uma justaposição de eventos completamente desconectados uns dos outros? Para o darwinista convencido, a "desarrazoada eficácia" do homem em compreender o universo – para retomar a expressão do físico Eugene Wigner, que falava da "desarrazoada eficácia dos matemáticos em descrever o mundo" – é simplesmente o resultado da seleção natural. O homem precisou desenvolver suas capacidades mentais a fim de melhor compreender o mundo, e de se adaptar ao seu meio ambiente sob pena de desaparecer. Eu não partilho dessa opinião, pois é preciso não esquecer que apreendemos o mundo de dois modos diferentes: da maneira sensorial, instintiva e direta, mas também de maneira intelectual, por reflexão e menos imediata. O conhecimento sensorial é evidentemente indispensável à nossa sobrevivência e responde a uma necessidade biológica: quando um objeto investe contra nós, antes de refletir e calcular a sua trajetória, reagimos imediata e instintivamente nos esquivando. A luta pela sobrevivência não necessita do conhecimento das leis da gravidade, nem da compreensão do Big Bang.

Contudo, o homem é capaz de compreender o universo e refletir a seu respeito. Não seria nossa aptidão de conhecer o

mundo o resultado de um feliz acaso da evolução cósmica?
Não creio. Se o homem é capaz de pensar o mundo, é porque
a consciência foi "programada", do mesmo modo como o
universo foi regulado de maneira extremamente precisa,
desde o seu início, para permitir a emergência da vida.
O aparecimento da consciência é apenas um simples acidente
de percurso na grande epopeia cósmica. Ela é necessária, pois
o universo sente que ele hospeda uma consciência capaz de
apreender sua organização, sua beleza e sua harmonia.

Chegaremos um dia a compreender o universo inteiro? Será
que um dia será revelada para nós toda sua gloriosa realidade?
Não acredito. A ciência em desenvolvimento descobriu seus
próprios limites. A melodia permanecerá secreta. Mas há
uma razão para abandonar a busca? O homem jamais poderá
escapar à sua necessidade de compreender o mundo.o

Nós não deixaremos de explorar

E o fim de nossas explorações será

Chegar lá onde começamos

E conhecer o lugar pela primeira vez

[T.S. Eliot, *Quatro Quartetos.*]

René Magritte, *O Dia 16 de Setembro.*

## Quando o Sol se Levanta

A AURORA SE aproxima. Resta-me apenas uma hora de obscuridade total. O telescópio está apontado para a última galáxia da noite. Os primeiros clarões do dia surgirão logo. O céu se iluminará pouco a pouco à medida que a rotação da Terra leva o observatório em direção do Sol. A noite permanece com um negror total enquanto o Sol está a mais de dezoito graus acima do horizonte. A aurora astronômica começa no momento em que nosso astro transpõe esse limite. Quando o disco solar está entre −18 e −12 graus, o céu não está mais completamente negro. Embora os primeiros clarões da aurora não sejam ainda perceptíveis a olho nu, eles são facilmente detectáveis com o telescópio. À medida que o Sol se levanta no horizonte, os milhares de pontos luminosos que brilham de todos os seus lampejos no céu vão gradualmente começar a "desaparecer", tais como velas cuja chama seria extinta por um vento celeste. É claro, naturalmente as estrelas não desaparecem nem se extinguem: estarão lá, na abóboda celeste, a irradiar. Apenas quando o fundo do céu se tornar muito brilhante, nem o olho nu, nem o telescópio serão capazes de distinguir objetos de fraca luminosidade. As galáxias azuis compactas cuja luz eu coleto são muito distantes e possuem, por esse fato, uma luminosidade aparente muito fraca. No momento em que aponta a aurora astronômica, elas não podem ser mais detectadas pelo telescópio. Devo parar as observações em cerca de meia hora antes que o disco vermelho do Sol emerja acima do horizonte – é a aurora –, para que a luz, muito brilhante, não danifique o detector eletrônico. Quando o Sol sobe até doze graus acima do horizonte, as luzes da aurora tornam-se mais claramente perceptíveis a olho nu, e os contornos da paisagem começam a se esboçar. No mar, o horizonte torna-se visível: é a aurora náutica. O negro da noite recua diante do avanço da luz do dia e se transforma gradualmente em um cinza uniforme. Quando o Sol se encontra a seis graus abaixo do horizonte, os planetas e as estrelas mais brilhantes ainda são perceptíveis, mas a luz é suficientemente forte para que os humanos estejam ocupados com todas as suas atividades sem o uso da luz artificial. Trata-se de uma aurora *civil*.

No ar cada vez mais claro

Cintila ainda essa lágrima

Ou débil chama dentro do copo

Quando do sono das montanhas

Ascende um vapor dourado

Permanece assim suspenso

Sobre a balança da aurora

Entre a brasa prometida

E esta pérola perdida

[Philippe Jaccottet, *Lua na Aurora do Verão*.]

Claude Monet, *O Sena Perto de Vernon, Efeito da Manhã.*

O FIM DA NOITE

A aurora que se eleva assinala para mim o fim da observação noturna. O operador "põe o telescópio no leito" e se eclipsa para pegar, ele próprio, algumas horas de repouso. Mas antes de deixar o pico, ele fecha a fenda da cúpula, cobre o espelho do telescópio a fim de protegê-lo, coloca o telescópio em posição de repouso, isto é, apontando para a vertical, e desliga todos os dispositivos eletrônicos não necessários. Quanto a mim, é preciso que eu faça um balanço das observações. Somo um total de onze galáxias nas minhas mãos. A noite foi excelente, o céu permanece calmo e limpo, o telescópio e os instrumentos funcionaram à perfeição. Resta fazer uma última coisa: enviar todos os dados acumulados no curso da noite, sob forma numérica, ao meu computador, na Virgínia. Eles chegarão lá com toda segurança e, no meu retorno à universidade, poderei analisá-los em profundidade.

Saio da cúpula para reencontrar a luz do dia. Após a obscuridade da noite, a luminosidade do céu me faz piscar os olhos. Ao longe, o Sol emerge com dificuldade acima da camada de nuvens. Seu disco não é totalmente arredondado devido a um efeito de refração da luz solar pela atmosfera. Os primeiros raios me acariciam o rosto. Pouco a pouco eles vão dissipando o frio da noite. A luz dourada de nosso astro brinca de esconde-esconde com os inumeráveis corpos enevoados que se oferecem aos seus raios. Meus olhos se habituam. Após o negro uniforme da noite, um mundo exuberante de cores surge de novo. Enquanto o Sol sobe no horizonte, o céu passa do negro para o cinza, depois deixa transpassar os amarelos e os vermelhos. O dourado brilhante e o alaranjado sanguíneo brilham a leste, lá onde o disco solar está prestes a emergir. Os rastros de cintilação vermelha viva, vermelha pálida, vermelha alaranjada correm atrás do azul escuro e do violeta da aurora. Um espetáculo multicolorido que me faz perder o fôlego. Sinto sobre minha face a carícia do ar fresco e a beleza silenciosa do Sol que transpõe o horizonte emergindo acima das nuvens.

▷▷ **AURORA**

s.f. do latim *alba*, de *albus* "branco".
1. Primeiro clarão do Sol no levante que começa a branquear o horizonte.
2. Lit. Começo. Alvorada.
Clarão brilhante e róseo que segue a aurora e precede o levantar do Sol. Aurora boreal polar ou astral: arco luminoso (jato de elétrons solares) que aparece nas regiões polares da atmosfera.

[*Le Robert.*]

A duração da aurora, definida como o intervalo de tempo entre o momento em que o Sol está a dezoito graus sob o horizonte e aquele em que emerge acima do horizonte, depende da latitude do observador. Na latitude do Mauna Kea, 19,8 graus, ela dura cerca de vinte e cinco minutos. No Equador, leva alguns minutos, enquanto nas

> regiões polares pode durar muitas horas, ou, no
> caso de uma noite de 24 horas, em pleno inverno,
> ou de um dia de 24 horas, em pleno verão,
> a aurora pode nem aparecer.

Eu saio do pico do Mauna Kea e desço ao dormitório do Hale Pohaku para um pequeno café da manhã e algumas horas de sono bem-vindo. A noite próxima parece se anunciar também sob os melhores auspícios: os boletins meteorológicos preveem ainda bom tempo. Essa noite, após o jantar realizarei de novo o trajeto que me levará ao cume do vulcão adormecido. Farei ainda uma vez uma peregrinação no escuro da noite. De uma outra noite.

William Turner, *Cais de Inverary, Lago Fyne, Manhã*.

# A Noite É Também o Tempo dos Místicos

Sem dúvida porque a noite suscita o silêncio, o recolhimento, a reflexão, ela apela ao ultrapassar de si mesmo, à transcendência, que chama de Deus, Natureza, Cosmos, Beleza. Ela abre o caminho para o evento místico, aquele que marca um ponto de não retorno, uma fulminação.

Essa noite obscura é uma influência de Deus sobre a alma, que a libera de suas ignorâncias e de suas imperfeições habituais, naturais ou espirituais. Os contemplativos chamam-na de a contemplação infusa, ou a teologia mística, e Deus a ensina secretamente à alma e no seu amor a aperfeiçoa.

[São João da Cruz, *A Noite Escura da Alma*.]

Giotto, *História da Vida de São Francisco de Assis* (detalhe).

Paul Gauguin, *Cristo no Jardim das Oliveiras*.

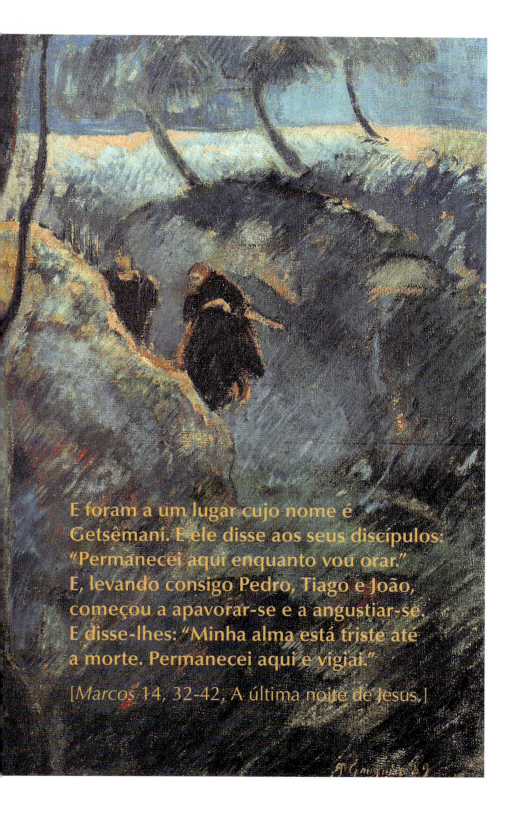

E foram a um lugar cujo nome é Getsêmani. E ele disse aos seus discípulos: "Permanecei aqui enquanto vou orar." E, levando consigo Pedro, Tiago e João, começou a apavorar-se e a angustiar-se. E disse-lhes: "Minha alma está triste até a morte. Permanecei aqui e vigiai."

[Marcos 14, 32-42, A última noite de Jesus.]

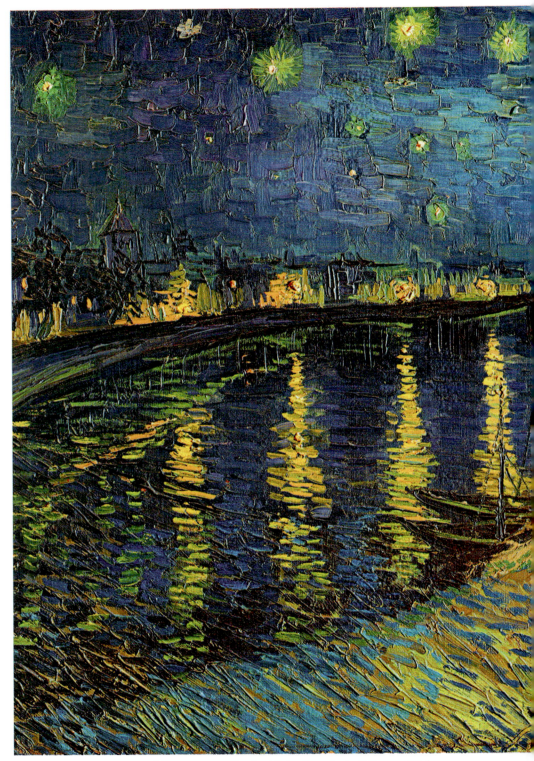
Vincent van Gogh, *Noite Estrelada Sobre o Ródano*.

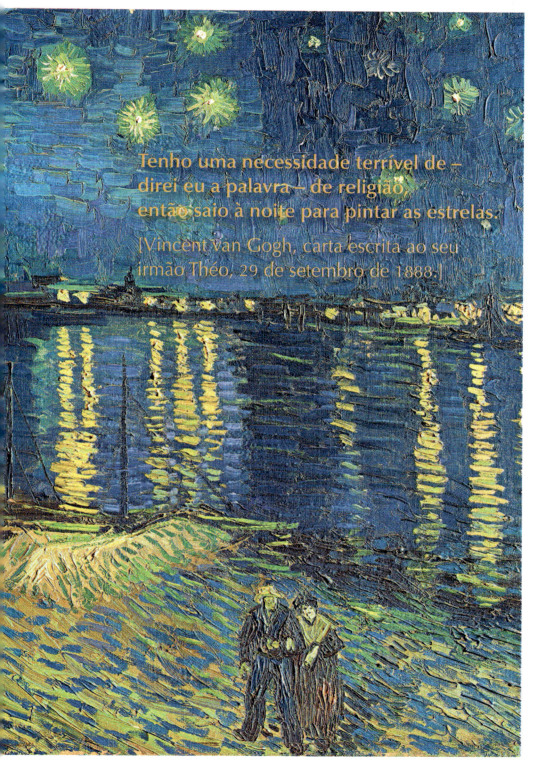

Tenho uma necessidade terrível de – direi eu a palavra – de religião, então saio à noite para pintar as estrelas.

[Vincent van Gogh, carta escrita ao seu irmão Théo, 29 de setembro de 1888.]

A noite nunca
é completa.

Há sempre,
já que eu digo,

Já que eu afirmo,

Ao fim do pesar, uma
janela aberta, uma
janela iluminada.

Há sempre um sonho
que vela, desejo
a cumprir, fome a
satisfazer, um coração
generoso, uma mão
estendida, uma mão
aberta, olhos atentos,
uma vida: a vida para
se partilhar.

Paul Éluard,
*A Noite Nunca É Completa.*

# Créditos

## Iconográficos

**Capa:** A. Fujii/ESA/Hubble – A. Fujii/ESA/Hubble – ESA/Hubble
**p. 3:** Lua cheia © Cirou/Altopress/Andia ▪ **p. 20-21:** Observatório de Mauna Kea ao crepúsculo © David Nunuk/SPL/Cosmos ▪ **p. 24:** Grande Nuvem de Magalhães © Nasa/Science Photo Library /Cosmos ▪ **p. 30-31:** Trovoada distante, relâmpagos e a Via Láctea vistos do observatório de Mauna Kea, Big Island, Hawaï, USA © L. Heitz/Sagaphoto ▪ **p. 37:** Mark Rothko, Sem Título – Branco, Amarelo, Vermelho Sobre Amarelo, 1953 © Christie's/Artothek /La Collection © 1998 Kate Rothko Prizel e Christopher Rothko-Adagp, Paris, 2017 ▪ **p. 42-43:** Crescente da Terra vista da Apollo 4, imagem aprimorada por computador © Nasa/SPL/Cosmos **p. 48-49:** Henri Rousseau dito Douanier Rousseau, *A Cigana Adormecida* © leemage ▪ **p. 53:** A Terra vista da Lua durante a missão Apollo 11, jul. 1969 © Roger-Viollet ▪ **p. 54:** Roy Lichtenstein, *Beira-Mar à Noite.* © Christie's/Artothek/La Collection © Estate of Roy Lichtenstein New York/Adagp, Paris, 2017 ▪ **p. 57:** Concha de náutilo colorida vista em raio-x © D. Roberts/SPL/Cosmos ▪ **p. 64:** Mapa de radar de Vênus © JPL/Nasa/ SPL/Cosmos ▪ **p. 66-67:** Eclipse solar no nevoeiro © plainpicture/Cavan Images ▪ **p. 69:** Ernesto Michahelles, dito Thayaht, *Cirnos*, 1928 © Sandro Michahelles/La Collection © Thayaht (Ernesto Michahelles) ▪ **p. 72-73:** A Grande Mancha Vermelha de Júpiter retrabalhada no computador © Nasa/SPL/Cosmos ▪ **p. 76:** Árvores e estrelas © plainpicture/Johner/Martin Almqvist ▪ **p. 78:** Marc Chagall, *Paisagem Azul.*, 1949 © Artothek/La Collection/Adagp, Paris, 2017 **p. 80:** Pablo Picasso, *O Abraço*, 1903 © leemage.com © Succession Picasso 2017 ▪ **p. 82-83:** Edvard Munch, *O Beijo*, 1892 © akg-images/Erich Lessing ▪ **p. 90-91:** Galáxia espiral de Messier 101 (Pinwheel Galaxy) © European Space Agency e Nasa ▪ **p. 94:** Cometa Hale-Bopp © Chris Madeley/SPL/Cosmos ▪ **p. 99:** Georges Braque, ilustração do *Lettera amorosa*, de René Char © Bridgeman Images/Adagp, Paris, 2017 ▪ **p. 104-105:** Vassily Kandinsky, *Esboço Para Diversos Círculos*, 1926 © leemage.com ▪ **p. 111:** Campo de estrelas na constelação de Sagitário © Nasa, European Space Agency, K. Sahu (STScI) e SWEEPS Science Team ▪ **p. 116-117:** A constelação de Órion vista pelo Hubble © Nasa ▪ **p. 123:** Via Láctea vista do altiplano chileno em San Pedro de Atacama © B.A. Tafreshi/Novapix/ Leemage ▪ **p. 128-129:** Claude Monet, *Ninfeias: A Manhã Com Salgueiros* (détail) © RMN-Grand Palais (musée de l'Orangerie)/Hervé Lewandowski ▪ **p. 136:** Georgia O'Keeffe, *City Night* © Bridgeman Images ▪ **p. 139:** Amédée Ozenfant, *Uma Rua, a Noite* © RMN-Grand Palais/Agence Bulloz/Adagp, Paris, 2017 ▪ **p. 144-145:** A Terra à noite 2016 © Nasa Earth Observatory/Joshua Stevens using Suomi NPP VIIRS data from Miguel Román, Nasa's Goddard Space Flight Center ▪ **p. 148-149:** René Magritte, *O Anel de Ouro* © Christie's/Artothek/La Collection/Adagp, Paris, 2017 ▪ **p. 155:** Galaxie Andromède © Bill Schoening, Vanessa Harvey/REU program/NOAO/AURA/NSF ▪ **p. 158:** O Sol © Nasa ▪ **p. 163:** Odilon Redon, *Buda* © leemage ▪ **p. 166:** Árvores e estrelas © plainpicture/ Johner/Martin Almqvist ▪ **p. 168:** Francisco José de Goya y Lucientes, *Saturno Devorando um de Seus Filhos* © Bridgeman Images ▪ **p. 170-171:** Edvard Munch, *A Dança da Vida* © leemage.com ▪ **p. 173:** Hieronymus Bosch, *O Inferno* (détail) © akg-images/MPortfolio/Electa ▪ **p. 179:** Nascer da Lua antes do nascer do Sol visto da órbita terrestre, STS-52 © Nasa/SPL/Cosmos ▪ **p. 184-185:** O Universo profundo visto pelo telescópio Hubble © Nasa/ESA/STScI/S.Beckwith, HUDF Team Science Photo Library/Cosmos ▪ **p. 188:** Esquema da teia cósmica © Sloan Digital Sky Survey ▪ **p. 195:** Aglomerado globular © European Space Agency/Hubble et Nasa/Gilles Chapdelaine ▪ **p. 198:** Kasimir Malevitch, *Cercle noir* © leemage.com ▪ **p. 203:** Simulação da matéria escura feita pelo computador. © John Dubinski, université de Toronto ▪ **p. 206-207:** Tempestade sobre Saturno © Nasa/JPL-CALTECH/Space Science Institute/SPL/Cosmos ▪ **p. 210-211:** Marte visto pelo telescópio Hubble © Nasa/ESA/STScI/Hubble Heritage Team/SPL/Cosmos ▪ **p. 217:** Edward Robert Hugues, *A Noite.* © Christie's/Artothek/La Collection ▪ **p. 225:** René Magritte, *O Dia 16 de Setembro* © Bridgeman/Adagp, Paris, 2017 ▪ **p. 228:** Claude Monet, *O Sena Perto de Vernon, Efeito da Manhã.* © Christie's Images/Bridgeman Images ▪ **p. 232-233:** William Turner, *Cais de Inverary, Lago Fyne, Manhã.* © Artothek/La Collection ▪ **p. 234:** Arbres étoilés © plainpicture/Johner/Martin Almqvist ▪ **p. 237:** Giotto di Bondone, *História da Vida de São Francisco de Assis: Aparição de S. Francisco em uma Carruagem de Fogo* (detalhe) © leemage.com ▪ **p. 238-239:** Paul Gauguin, *Cristo no Jardim das Oliveiras* © Leemage ▪ **p. 240-241:** Vincent Van Gogh, *Noite Estrelada Sobre o Ródano* © Bridgeman Images ▪ **p. 248-249:** Nascer do Sol visto do espaço, parecendo assentado sobre a nuvem de cinzas expelida pelo vulcão Pinatubo © Nasa/SPL/Cosmos.

# Textos

**p. 5-7:** Guy de Maupassant, La Nuit, *Clair de Lune*, 1888. ▪ **p. 16:** Rainer Maria Rilke, *Poèmes à la nuit*, trad. G. Althen e J.-Y. Masson, Paris: Verdier, 1994. ▪ **p. 26:** Ibidem. ▪ **p. 36:** Definição extraída do dicionário *Le Robert Mobile*. ▪ **p. 44:** Albert Camus, *Caligula*, Ato I, cena 4, Paris: Gallimard, 1958. ▪ **p. 58:** John Keats, Ode à un rossignol (1819), trad. P. Gallimard, Paris: Mercure de France, 1910. ▪ **p. 75:** Joachim du Bellay, *L'Olive*, 1550. ▪ **p. 79:** William Shakespeare, *Roméo et Juliette*, Ato III, cena 2, trad. J.-M. Déprats, Paris: Gallimard, 2002. (Col. Bibliothèque de la Pléiade.) ▪ **p. 81:** Majnûn, *Le Fou de Laylâ*, trad, e apresentação A. Miquel, Arles: Actes Sud, 2003. ▪ **p. 83:** Jacques Prévert, Trois allumettes (1946), *Paroles*, Paris: Gallimard, 1976. (Col. Folio.) ▪ **p. 86:** Louis-Ferdinand Céline, *Voyage au bout de la nuit*, Paris: Gallimard, 1952. ▪ **p. 130:** Georg Büchner, *La Mort de Danton* (1835), Ato I, cena 6, trad. J.-L. Besson e J. Jourdheuil, Montreuil: Éditions Théâtrales, 2012. ▪ **p. 132:** Charles Perrault, *Le Petit Poucet*, 1697. ▪ **p. 137:** Michaël Foessel, *La Nuit: Vivre sans témoin*, Paris: Autrement, 2017. ▪ **p. 141:** Tanizaki Junichirô, *Éloge de l'ombre* (1933), trad. R. Sieffert, Paris: Verdier, 2011. ▪ **p. 143:** Definições extraídas do *Grand Larousse illustré*, 2016. ▪ **p. 147:** Denis Diderot, *Salon de 1767*. ▪ **p. 159:** William Blake, *Augures d'innocence* (1803), tradução do autor. ▪ **p. 165:** John Updike, Cosmic Gall, *Telephone Poles & Other Poems*, tradução do autor, New York: A.P. Knopf, 1959. ▪ **p. 167:** Alain Cabantous, *Histoire de la nuit*, Paris: Arthème Fayard, 2009. ▪ **p. 169:** William Shakespeare, *Macbeth*, Ato I, cena 5, trad. J.-M. Déprats, Paris: Gallimard, 2002. (Col. Bibliothèque de la Pléiade.) ▪ **p. 170:** Jean Marigny, Vampires, em Alain Montandon (dir.), *Dictionnaire de la nuit*, Paris: Honoré Champion, 2013. ▪ **p. 172:** Jean-Pierre Vernant, *L'Univers, les dieux, les hommes: Récits grecs des origines*, Paris: Seuil, 1999. ▪ **p. 176:** Alain Bashung, La nuit je mens, extraído do álbum *Fantaisie militaire*, 1998. ▪ **p. 187:** Rainer Maria Rilke, *Poèmes à la nuit*, trad. G. Althen e J.-Y. Masson, Paris: Verdier, 1994. ▪ **p. 192** Robert Frost, Fire and Ice, tradução do autor, *Miscellaneous Poems*, em *Harper's Magazine*, Dec. 1920. ▪ **p. 209:** Emmanuel Kant, *Critique de la raison pratique* (1788), trad J.-P. Fussler, Paris: GF-Flammarion, 2003, AK V, 161. ▪ **p. 216:** Camille Flammarion, *Astronomie des dames*, Paris: Flammarion, 1903. ▪ **p. 224:** T.S. Eliot, *Four Quartets*, tradução do autor, New York: Harcourt, 1943. ▪ **p. 227:** Philippe Jaccottet, Lune à l'aube d'été, *Airs*, Paris: Gallimard, 1967. ▪ **p 230:** Definição extraída do dicionário *Le Robert Mobile*. ▪ **p. 236:** São João da Cruz, *A Noite Escura da Alma*, 1584. ▪ **p. 239:** *Marcos* 14, 32, La Bible de Jérusalem, Paris: Cerf, 1998. ▪ **p. 241:** Vincent Van Gogh, Carta escrita a seu irmão Théo, 29 set. 1888. ▪ **p. 242-243:** Paul Éluard, La Nuit n'est jamais complete, *Derniers poèmes d'amour* (1963), Paris: Seghers, 2013. (Col. Poésie d'Abord.) ▪ **p. 253:** Michaël Foessel, *La Nuit: Vivre sans témoin*, Paris: Autrement, 2017.

# Bibliografia

COMTE, Auguste [1844]. *Traité philosophique d'astronomie populaire*. Paris: Fayard, 1985.

CORBIN, Alain. *Histoire du silence, de la Renaissance à nos jours*. Paris: Albin Michel, 2016.

DYSONM, Freeman. *Les Dérangeurs de l'univers*. Paris: Payot, 1986.

EINSTEIN, Albert. Letter to Murray W. Gross, April 26, 1947. IN: JAMMER, Max. *Einstein and Religion*. Princeton: Princeton University Press, 2002.

GOULD, Stephen J. *La Vie est belle: Les Surprises de l'évolution*. Trad. M. Blanc. Paris: Seuil, 1991.

KANT, Emmanuel [1764]. *Observations sur le sentiment du beau et du sublime*. Trad. R. Kemp. Paris: Vrin, 2000.

MONOD, Jacques. *Le Hasard et la necessite*. Paris: Seuil, 1970.

PHAM DUY, Khiêm. *Légendes des terres sereines*. Paris: Mercure de France, 1989.

POE, Edgar Allan [1848]. Eurêka. *Contes, essais, poèmes*. Trad. Charles Baudelaire. Paris: Robert Laffont, 1989. (Col. Bouquins.)

PROUST, Marcel. *Du côté de chez Swann*. Paris: Gallimard, 1954. (Col. La Pléiade.)

SAINT-EXUPÉRY, Antoine de. *Le Petit Prince*. Paris: Gallimard, 1999.

Nascer do Sol visto do espaço.

# Agradecimentos

Minha gratidão se dirige a Sophie de Sivry, que me estimulou a pensar sobre o tema da noite. Ela teve a intuição que com esse assunto, ciência, arte, poesia e beleza poderiam se conjugar e resultar em um livro que encantasse ao mesmo tempo os olhos e o espírito. Ela não se enganou.

Meus agradecimentos se dirigem também a Hélène de Virieu por sua paciência e o indispensável trabalho de buscar as obras artísticas e poéticas que balizam o texto e o completam magnificamente.

Agradeço a ambas pelos conselhos sempre judiciosos, pelo olhar e sensibilidade.

O que resta então a ser feito, senão desejar para os outros e para si mesmo uma "boa noite", ou seja, uma noite sem evento?

[Michaël Foessel, *A Noite: Vivendo Sem Testemunhas*.]

Este livro foi impresso na cidade de Itaquaquecetuba,
nas oficinas da Vox Gráfica e Editora,
para a Editora Perspectiva

Viajei, sim, muito bem acompanhada pelo astrofísico Trinh Xuan Thuan. De início, pensei que fosse ficar cansada ao atravessar o Pacífico, imaginando seus abismos profundos povoados por seres cegos e fantasmagóricos. Mas então aconteceu algo de impressionante...

Percorri as páginas deste livro e foi como se tivesse sonhado. Mergulhado em uma aventura imemorial, desde a minha origem até o meu possível destino, rodopiando entre estrelas, satélites e cometas, pedras, planetas e gases mortais, passarinhos, insetos, plantas e seres que coabitam conosco. Este planeta tão singular, com sua gente tão curiosa que tenta explicar quase tudo ante quase tudo que ignoramos, gente que faz pinturas e escreve poesias para exprimir os seus afetos, que reflete sobre a vida, sobre os vivos e o incomensurável, preenchendo com seus grafismos e sua escritura essa enorme biblioteca que nos arma para novas ações e novos saberes. Fomos eleitos, vale usufruir essa viagem com o timoneiro que nos guia, espalhando nestas páginas todo o seu amor. Pelas estrelas, pelo conhecimento e pelo ser humano.

GITA K. GUINSBURG